Bastian Rückel

Optimierung der Staffeleinteilung in der Fußball Landesliga Bayern in der Saison 2013/14 und Konzipierung vereinsfreundlicher Spielpläne

disserta
Verlag

Rückel, Bastian: Optimierung der Staffeleinteilung in der Fußball Landesliga Bayern in der Saison 2013/14 und Konzipierung vereinsfreundlicher Spielpläne, Hamburg, disserta Verlag, 2015

Buch-ISBN: 978-3-95425-934-2
PDF-eBook-ISBN: 978-3-95425-935-9
Druck/Herstellung: disserta Verlag, Hamburg, 2015
Covermotiv: © Uladzimir Bakunovich – Fotolia.com

Bibliografische Information der Deutschen Nationalbibliothek:
Die Deutsche Nationalbibliothek verzeichnet diese Publikation in der Deutschen Nationalbibliografie; detaillierte bibliografische Daten sind im Internet über http://dnb.d-nb.de abrufbar.

© disserta Verlag, Imprint der Diplomica Verlag GmbH
Hermannstal 119k, 22119 Hamburg
http://www.disserta-verlag.de, Hamburg 2015
Printed in Germany

Inhaltsverzeichnis

1 Einleitung

1.1 Motivation

In den professionellen Sportligen der ganzen Welt werden jährlich Milliarden umgesetzt. Für die Spielzeit 2013/2014 erhält die deutsche Fußball Bundesliga beispielsweise 560 Millionen Euro an Fernsehgeldern, 2014/2015 sind es 615 Millionen und in der Saison 2015/2016 beläuft sich die Summe auf 663 Millionen. Dieser Betrag wird ausschließlich unter den 36 Profiklubs der 1. und 2. Bundesliga aufgeteilt. Zusätzlich können die Vereine noch Einnahmen in Millionenhöhe durch Merchandising und Marketingmaßnahmen erwarten (vgl. [WEL13]). Ganz anders ist die Situation im Breitensport. Der Deutsche Fußball Bund (DFB) beschreibt die Situation im Amateurfußball als „Problemdruck im Bereich Finanzierung ([DFB12])". Als Ausgaben sind dabei vor allem Aufwandsentschädigungen für Spieler, Honorare für Trainer und Ablösesummen für wechselwillige Spieler zu nennen. 54,3 % der Sechstligisten zahlen Aufwandsentschädigungen und 49 % aller Sechstligisten wären bereit für Neuzugänge eine Ablösesumme zu bezahlen (vgl. [DFB12]). Im Rahmen dieser Arbeit geht es um eben diese 6. Liga in Bayern. Ziel ist es, anhand der aufgezeigten Ergebnisse, einige Erleichterungen für die zum Teil stark belasteten Vereine mit ihren größtenteils ehrenamtlich tätigen Verantwortlichen und den voll berufstätigen Spielern zu schaffen.

Im Jahr 2012 entstand durch eine vom Bayerischen Fussball-Verband (BFV) durchgeführte Strukturreform der Spielklassen im Amateurbereich die neue Landesliga Bayern, welche nun nicht länger die fünfthöchste, sondern ab sofort die sechsthöchste Liga im deutschen Fußball ist. Schirmherr über diese Spielklasse ist der BFV (vgl. [BFV14 (1)]). „Die Landesliga der Herren spielt im Verbandsgebiet in fünf Gruppen, die in der Regel bis zu 18 Mannschaften umfassen ([BFV14 (1)])". In der Spielzeit 2013/2014 spielen somit insgesamt 90 Vereine auf 5 Staffeln verteilt in der Landesliga Bayern. Diese Anzahl soll auch in den kommenden Jahren bestand haben, es kann jedoch durch Auf- und Abstiegsszenarien passieren, dass die Normzahl von 90 Teams über- bzw. unterschritten wird. Eine mögliche Abweichung wird in der jeweils nachfolgenden Spielzeit korrigiert (vgl. [BFV13 (1)]). Die fünf Staffeln der Landesliga Bayern werden anhand der Attribute „Nordwest", „Nordost", „Mitte", „Südwest" und „Südost" unterschieden (vgl. [BFV14 (2)]).

1.2 Problemstellung

Das Ziel dieser Abhandlung ist es, eine Einteilung der 90 Landesligisten in die fünf Staffeln zu bestimmen, so dass in jeder Staffel gleich viele Teams sind. Des Weiteren soll jedem der 90 Vereine garantiert werden, dass seine Mannschaft, an keinem Spieltag, der unter der Woche statt findet, länger als eine Stunde fahren muss. Die Fahrtzeit soll demnach an allen Wochentagsspielen höchstens 60 Minuten betragen. Diese Forderung ist vor allem deshalb sinnvoll, da die meisten Spieler und Trainer voll berufstätig sind oder studieren und bei weiten Auswärtsfahrten unter der Woche stets Probleme haben, rechtzeitig vom Arbeitsplatz bzw. von der Universität zum Spielort zu gelangen. Die Summe aller Fahrten aller Teams im Verlaufe der Saison soll aus Umweltschutzgründen und aufgrund einer Kosten- und Aufwandsminimierung für die Vereine und deren Spieler möglichst gering sein. Als mögliche Kriterien eignen sich hierbei die gesamte Fahrtstrecke bzw. die gesamte Fahrtzeit. Für die dadurch gegebene Gruppeneinteilung soll schließlich für jede der fünf Staffeln ein Spielplan konzipiert werden, der möglichst „fair" ist, Wünsche der Vereine berücksichtigt und an Wochenspieltagen kein einziges Spiel enthält, bei dem die Gastmannschaft länger als eine Stunde anreisen muss. In Kapitel 4 wird diese Problemstellung mit allen ihren Bedingungen nochmals aufgegriffen und als ein binäres Programm formuliert.

1.3 Gang der Untersuchung

Nach einigen einführenden Worten und einer Erörterung der Problemstellung im Abschnitt Einleitung werden in Kapitel 2 die für diese Arbeit grundlegende Sätze und Definitionen dargestellt. Dabei wird immer wieder ein Bezug zur Problemstellung hergestellt. In Kapitel 3 wird die durchgeführte Datenerfassung, in deren Rahmen alle für diese Arbeit relevanten Daten zusammengetragen wurden, beschrieben. Anhand dieser Daten werden in den späteren Abschnitten die Optimierungsprozesse durchgeführt. Im Anschluss wird ein großes Modell vorgestellt, welches die soeben erläuterte Problemstellung in seiner Gesamtheit beschreibt. Da dieses Modell für handelsübliche Rechner zu groß ist, um es zu lösen, wird es in kleinere Teilprobleme aufgeteilt. Die Vorteile dieser Aufteilung werden in den entsprechenden Paragraphen beleuchtet. So wird zunächst eine optimale Gruppeneinteilung bestimmt. Anschließend wird das Spielplanerstellungsproblem gelöst. Als Abschluss dieser Arbeit findet im letzten Kapitel eine Zusammenfassung der Resultate statt. Den Kapiteln „Die optimale Staffeleinteilung" und „Die Spielplanerstellung" wird aufgrund ihres Umfangs eine kurze Übersicht über die dargelegten Inhalte vorausgestellt.

2 Grundlagen

In diesem Abschnitt werden alle Definitionen und Aussagen formuliert, die für diese Ausarbeitung vorausgesetzt werden. Zur übersichtlicheren Darstellung findet eine Aufteilung in die Bereiche „sportspezifische Grundlagen", „graphentheoretische Grundlagen" und „Grundlagen der Optimierung" statt.

2.1 Sportspezifische Grundlagen

In der Einleitung wurden bereits Begriffe wie Mannschaft oder Team und Liga oder Staffel verwendet. An dieser Stelle sollen für diese und weitere sportspezifische Begriffe Definitionen angegeben werden, die zu einer einheitlichen Auffassung des jeweiligen Begriffs führen.

Definition 2.1: Eine **Mannschaft** i besteht aus Personen, die zusammen ein sportliches Ziel erreichen wollen. Als Synonyme werden in dieser Arbeit auch Fußballmannschaft oder (Fußball-) Team verwendet. Die Mannschaft spielt unter dem Namen eines **Vereins** (vgl. [BAR01, S. 8]).

In einer Liga treten mehrere Mannschaften gegeneinander an. Dies bedeutet, dass eine bestimmte Anzahl an Mannschaften, im hier gegebenen Problem sind das 18, in einer Gruppe zusammengefasst werden. Etwas formaler wird dies in Definition 2.2 ausgedrückt:

Definition 2.2: Sei $N \in \mathbb{N}$. Eine **Liga** $\mathcal{L} = \{\, i \mid i = 1, \dots, N \,\}$ ist eine Menge von N Mannschaften (vgl. [BAR01, S.9]).

Gibt es verschiedene Ligen, die eine annähernd gleiche Spielstärke der Mannschaften aufweisen, so werden hierfür im Folgenden die Begriffe **Staffel**, **Gruppe** oder auch **Division** synonym verwendet (vgl. [BAR01, S.29]). Für die Landesliga Bayern wird angenommen, dass die fünf Staffeln, welche alle sechstklassig sind, in etwa das gleiche sportliche Niveau aufweisen.

Der sportliche Vergleich zweier Mannschaften findet im Rahmen eines Spiels statt:

Definition 2.3: Ein **Spiel** $\omega = (i, j)$ ist ein 2-Tupel, welches sich aus den beiden Mannschaften $i, j \in \mathcal{L}$ $(i \neq j)$ zusammensetzt. Dabei gehören die beiden Mannschaften i und j der gleichen Liga an. Als Synonyme werden auch die Bezeichnungen **Paarung, Partie** oder **Begegnung** verwendet (vgl. [BAR01, S.9]).

Da das Tupel (i, j) geordnet ist, kann eine Aussage darüber getroffen werden, welche Mannschaft zu Hause spielt und welche Mannschaft auswärts antreten muss. Daher bezeichne im Nachfolgenden das Tupel (i, j) die Begegnung bei der die Mannschaft $i \in \mathcal{L}$ Heimrecht im Spiel gegen die Mannschaft $j \in \mathcal{L}$ hat. Dementsprechend spielt Mannschaft $j \in \mathcal{L}$ auswärts bei der Mannschaft $i \in \mathcal{L}$. Das sogenannte **Wettbewerbsprogramm** $\Omega = \{ \omega \mid \omega = 1, \dots, W \}$ ist eine Menge W von Spielen ω, die in einer Liga stattfinden. Spielt jedes Team genau zweimal gegen alle anderen Teams seiner Liga, so besteht das Wettbewerbsprogramm aus $W = N \cdot (N - 1)$ Spielen (vgl. [BAR01, S.10]).

Bemerkung 2.4: Für die Landesligen in Bayern bedeutet dies, dass das Wettbewerbsprogramm in jeder der fünf Staffeln, die jeweils 18 Mannschaften umfassen, $18 \cdot 17 = 306$ Begegnungen beinhaltet.

Definition 2.5: Ein **Spieltag** s ist ein vorgegebener Zeitraum, in dem Spiele aus dem Wettbewerbsprogramm ausgetragen werden. An einem **Spieltag** trägt jede Mannschaft genau ein Spiel aus, sofern die Anzahl der Mannschaften gerade ist. Andernfalls hat genau eine Mannschaft kein Spiel an diesem Spieltag und ist somit **spielfrei**. Es ist üblich, dass die **Spieltage** fortlaufend, bei 1 beginnend, nummeriert werden. Für das Heimspiel von Team $i \in \mathcal{L}$ gegen Team $j \in \mathcal{L}$ an Spieltag s schreibt man auch $((i, j), s)$ (vgl. [BAR01, S.11]).

Ein Spieltag kann über mehrere Kalendertage verteilt ausgetragen werden. Auch die Uhrzeit, zu der die Spiele beginnen kann von Partie zu Partie variieren. Dies gilt für die 1.Bundesliga, in der üblicherweise ein Spiel am Freitag Abend, fünf Begegnungen Samstag nachmittags, eine Partie am Samstag Abend und zwei Spiele am Sonntag stattfinden, genauso, wie für die Landesligen (vgl. [BUN14]).

Satz 2.6: Sei die Anzahl der Mannschaften N in Liga $\mathcal{L}$ gerade. Dann finden an einem Spieltag genau $\frac{N}{2}$ Paarungen statt. Für ungerades N sind $\frac{N-1}{2}$ Begegnungen anzusetzen. Zusätzliche erhält eine Mannschaft den Status spielfrei (vgl. [BAR01, S.11]).

Bemerkung 2.7: Für Ligen mit 18 Mannschaften, sind dies 9 Partien pro Spieltag.

4

Definition 2.8: Unter einer **Saison** $\Im = \{ s \mid s = 1, \dots, S \}$ versteht man eine Menge von S Spieltagen, an denen zusammen alle W Paarungen des Wettbewerbsprogramms Ω durchgeführt werden (vgl. [BAR01, S.11]).

In der Landesliga Bayern spielt im Verlauf einer Saison jede Mannschaft zwei Mal – ein Mal zu Hause und ein Mal auswärts – gegen jede andere Mannschaft seiner Staffel (vgl. [BFV14 (1)]).

Definition 2.9: Ein Spielplan $\Re$ ist eine Menge von W Spielen, welche auf S Spieltage verteilt angesetzt sind, so dass an jedem Spieltag jedes Team genau ein Spiel austrägt (1) und das gesamte Wettbewerbsprogramm Ω eingeplant wird (2). Formal muss demnach gelten (vgl. [BAR01, S.12]):

$$\forall\, i \in L, \forall\, s \in S: \ \exists\, j \in L \text{ mit } \big((i,j),s\big) \in \Re \text{ und } \forall\, j^* \neq j\ (j^* \in L): \big((i,j),s\big) \notin \Re \quad (1)$$
$$\forall\, \omega = (i,j) \in \Omega: \ \exists\, s \in S \text{ mit } \big((i,j),s\big) \in \mathcal{R} \qquad (2)$$

Definition 2.10: Ein Spielplan, bei dem jede Mannschaft $i \in L$ genau zwei Mal gegen jedes andere Team $j \in L$ $(j \neq i)$ seiner Liga spielt, wobei i in genau einem der beiden Spiele gegen j Heimrecht hat, nennt man ein **Double Round Robin Tournament (DRRT)** (vgl. [BRI10, S.366]).

Für eine Liga mit N Mannschaften bedeutet dies, daß jede Mannschaft $i \in L$ zwei Spiele gegen jedes der anderen $N - 1$ Teams bestreitet, insgesamt also

$$2 \cdot (N - 1) = 2N - 2$$

Partien. Daraus folgt aber nur unter der in Satz 2.11 dargestellten Einschränkung, dass eine Saison auch aus $2N - 2$ Spieltagen besteht.

Satz 2.11: Sei $N \in \mathbb{N}$ gerade. Dann besteht eine Saison, die nach den Prinzipien des DRRTs ausgetragen wird, aus $2N - 2$ Spieltagen (vgl. [BRI10, S.366]).

Ist die Anzahl N der Mannschaft ungerade, so wird ein "Dummy-Team" mit der Bezeichnung „Spielfrei" als $(N + 1)$ – Team hinzugefügt (vgl. [BAR01, S.9]). Dies führt dazu, dass $\widehat{N} = N + 1$ gerade ist. Daher werden

$$2\widehat{N} - 2 = 2 \cdot (N + 1) - 2 = 2N$$

Spieltage ausgetragen. Im Folgenden wird davon ausgegangen, dass N gerade ist. Dies ist aufgrund der Möglichkeit des Hinzufügens eines "Dummy-Teams" ohne Beschränkung der Allgemeinheit möglich (vgl. [BRI10, S.366]).

Bemerkung 2.12: In jeder Staffel der Landesliga Bayern gibt es in der Saison 2013/2014 genau 34 Spieltage. Diese werden nach dem Prinzip des im Nachfolgenden dargestellten gespiegelten DRRTs ausgetragen (vgl. [BFV14 (1)]).

Definition 2.13: Ein Spezialfall des DRRTs ist das **gespiegelte DRRT**. Hier findet das erste Spiel zwischen den Teams $i \in \mathcal{L}$ und $j \in \mathcal{L}$ $(i \neq j)$ in einer Liga $\mathcal{L}$ mit N Mannschaften an Spieltag s $(s \leq N - 1)$ statt. Das zweite Spiel wird dann an Spieltag $s + N - 1$ mit getauschtem Heimrecht ausgetragen. Hierdurch wird der Spielplan in zwei Hälften geteilt, welche man jeweils als **Single Round Robin Tournament (SRRT)** bezeichnet (vgl. [BRI10, S.366]).

Die beiden Hälften des gespiegelten DRRT nennt man auch **Hin-** und **Rückrunde**. Die Spieltage 1 bis $N - 1$ bilden die Hinrunde. Die Rückrundenspieltage N bis $2N - 2$ finden nach Definition 2.12 in der gleichen Reihenfolge wie die Hinrundenspieltage statt. Der Unterschied zwischen **Hin-** und **Rückrunde**, welche beim gespiegelten DRRT als **komplementär** bezeichnet werden, liegt einzig im getauschten Heimrecht (vgl. [BAR01, S. 11f.]). Durch das gespiegelte DRRT wird ein **Spielplan** dargestellt, der eine Aussage darüber trifft, wann welches Spiel ausgetragen wird. Zur Veranschaulichung ist in Beispiel 2.14 ein Spielplan für 4 Mannschaften nach den Prinzipien des gespiegelten DRRT dargestellt.

Beispiel 2.14: In diesem Beispiel wird ein möglicher Spielplan für ein gespiegeltes DRRT dargestellt. Die vier Mannschaften, die gegeneinander antreten sollen, seien der FC Chelsea London, der FC Schalke 04, der FC Basel und Steaua Bukarest. Das Wettbewerbsprogramm enthält 12 Partien, davon finden nach Satz 2.6 und Satz 2.11 genau 2 Begegnungen an jedem der 6 Spieltage statt.

6

	Spieltag 1	Spieltag 2	Spieltag 3	Spieltag 4	Spieltag 5	Spieltag 6
Spiel 1	Schalke – Chelsea	Basel – Schalke	Schalke – Bukarest	Chelsea – Schalke	Schalke – Basel	Bukarest – Schalke
Spiel 2	Bukarest – Basel	Chelsea – Bukarest	Basel – Chelsea	Basel – Bukarest	Bukarest – Chelsea	Chelsea – Basel

Abbildung 1: Gespiegeltes DRRT für 4 Mannschaften (eigene Darstellung)

Bei genauerer Betrachtung dieses Spielplans fällt auf, dass sowohl Basel als auch Bukarest mehrfach nacheinander zu Hause bzw. auswärts spielen.

Definition 2.15: Eine Mannschaft $i \in \mathcal{L}$ hat an Spieltag $s \in S$ ein **Heimbreak,** wenn sie an Spieltag $s - 1$ und an Spieltag s zu Hause spielt. Analog liegt ein **Auswärtsbreak** an Spieltag $s \in S$ vor, wenn das Team $i \in \mathcal{L}$ sowohl an Spieltag $s - 1$ als auch an Spieltag s auswärts antreten muss. Im Folgenden wird nicht mehr explizit zwischen **Heim-** und **Auswärtsbreaks** differenziert, sondern für beide einfach der Begriff **Break** verwendet (vgl. [BRI08, S.41]).

Betrachtet man nochmals Beispiel 2.14, so erkennt man, dass der FC Basel an den Spieltagen 3, 4 und 6 ein Break hat. Das Selbe gilt für Steaua Bukarest. Wann und wie viele Breaks in einem Spielplan auftreten, wird in Kapitel 6 beschrieben.

2.2 Graphentheoretische Grundlagen

Neben den sportspezifischen Begriffen werden im Laufe dieser Ausarbeitung auch immer wieder graphentheoretische Begriffe verwendet. Die wichtigsten Grundkenntnisse werden in diesem Abschnitt dargestellt.

Definition 2.16: Ein endlicher, schlichter, ungerichteter **Graph** G ist ein geordnetes Paar $\big(V(G), E(G)\big)$. Die Menge $V(G) = \{v_1, \dots, v_n\}$ ist endlich und nichtleer und enthält alle **Knoten** des Graphen G. Die Menge $E(G) \subseteq P_2(V) = \{\, (u, v) \mid u, v \in V, u \neq v \,\}$ ist möglicherweise leer und endlich. Jedes ungeordnete Paar $(u, v) \in E(G)$ wird als **Kante** des Graphen G bezeichnet. Es ist üblich statt $V(G)$ und $E(G)$ einfach kurz V und E zu schreiben (vgl. [CLA91, S.2]).

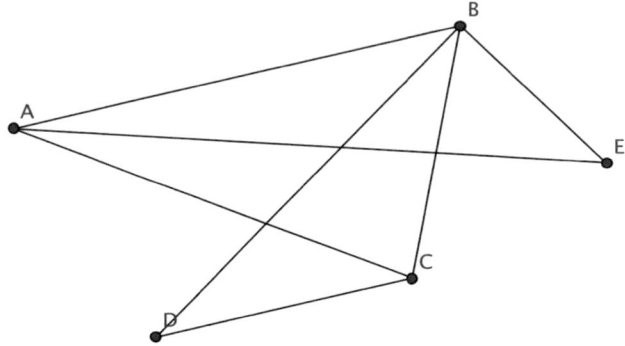

Abbildung 2: Ein Graph mit Knotenmenge $V = \{A, B, C, D, E\}$ und Kantenmenge $E = \{\,(A, B), (A, E), (A, C), (B, E), (B, D), (B, C), (C, D)\,\}$ (eigene Darstellung mit GeoGebra)

Ist im Folgenden nichts anderes angemerkt, so wird stets ein ungerichteter, schlichter, endlicher Graph betrachtet.

Definition 2.17: Sei $G = (V, E)$ ein Graph und sei $e = (u, v) \in E$. Dann heißen $u \in V$ und $v \in V$ **benachbart** oder auch **adjazent** in G. Die Kante $e = (u, v)$ ist dann **inzident** zu $u \in V$ und zu $v \in V$ (vgl. [CLA91, S.13ff.]).

Definition 2.18: Sei $G = (V, E)$ ein Graph und sei $v \in V$ ein Knoten in G. Der **Grad** $\deg(v)$ von Knoten $v \in V$ entspricht der Anzahl der Kanten in G, zu denen Knoten v inzident ist (vgl. [CLA91, S.14]):

$$\deg(v) = |\,\{\,e \in E \mid e \text{ ist inzident zu } v\}\,|$$

Definition 2.19: Sei G ein Graph. Eine Kantenfolge $p = \{e_1, \dots, e_k\}$ mit $e_i \in E$ ($1 \le i \le k$) heißt **Weg** von $u \in V$ nach $v \in V$, falls $e_i = (u_{i-1}, u_i)$ mit $u_i \in V$ ($1 \le i \le k$) und $u_0 = u$ sowie $u_k = v$ (vgl. [DOM07, S.2f.]). Geläufig ist für den Weg von u nach v auch die Schreibweise $u = u_0 - u_1 - \dots - u_{k-1} - u_k = v$.

Die Definition eines Weges in einem ungerichteten Graphen führt nun unmittelbar zum Begriff des Kreises.

8

Definition 2.20: Ein Weg $p = (e_1, ..., e_k)$ von $u \in V$ nach $v \in V$ ist ein **Kreis** in G, falls gilt:

$$u = v$$

Ein Kreis heißt **einfach**, falls in der Kantenfolge kein Knoten, ausgenommen Start- und Endknoten, mehr als ein Mal vorkommt (vgl. [GUR10, S.33]).

Die in den Definitionen 2.17 bis 2.20 vorgestellten Begriffe sollen durch das folgende Beispiel 2.21, welches sich auf Abbildung 2 bezieht, veranschaulicht werden.

Beispiel 2.21: Der Grad der Knoten des Graphen in Abbildung 2 beträgt:

$$\deg(A) = 3, \ \deg(B) = 4, \ \deg(C) = 3, \ \deg(D) = 2 \text{ und } \deg(E) = 2$$

Ein Weg von A nach D ist beispielsweise gegeben durch die Kantenfolge $A - B - C - D$. Die Kantenfolge $A - B - C - A$ stellt ein Beispiel für einen Kreis dar.

An dieser Stelle möchte ich noch einmal auf die Problemstellung aus Abschnitt 1.2 zurückkommen. Gegeben sind 90 Vereine, deren geografische Lage über ganz Bayern verteilt ist. Es ist natürlich möglich, mit dem PKW von jedem der 90 Orte zu jedem Anderen zu gelangen. Hierfür wird unterstellt, dass Hin- und Rückweg identisch sind. Modelliert man nun als Ausgangssituation den Spielort jedes Vereins durch einen Knoten $v \in V$ in einem Graphen $G = (V, E)$ und den Fahrtweg zwischen je zwei Spielorten $v \in V$ und $w \in V$ ($w \neq v$) durch eine ungerichtete Kante $e = (v, w) \in E$, und dies für alle $v \in V$ und $w \in V$ mit $v \neq w$, so erhält man einen Graphen G, in dem jeder Knoten $v \in V$ mit jedem anderen Knoten $w \in V \setminus \{v\}$ benachbart ist. Die beiden Knoten $v, w \in V$ ($v \neq w$) sind inzident zur Kante $e = (v, w) \in E$. Spezifiziert wird diese Modellierung durch Definition 2.21:

Definition 2.22: Ein **vollständiger (ungerichteter) Graph** $G = (V, E)$ ist ein schlichter Graph, in dem jeder Knoten mit jedem anderen Knoten durch eine Kante verbunden ist:

$$V = \{v_1, ..., v_n\}$$
$$E = \left\{ (v_i, v_j) \mid v_i, v_j \in V, 1 \leq i < j \leq n \right\}$$

Man schreibt für einen vollständigen Graphen mit n Knoten K_n (vgl. [LAU04, S.117]).

Der vollständige Graph K_{90} beschreibt demnach die oben dargestellte Ausgangssituation zur Staffeleinteilung in der Landesliga Bayern.

Satz 2.23: In einem vollständigen Graphen mit n Knoten ist die Anzahl der Kanten $\frac{n(n-1)}{2}$ (vgl. [LAU04, S.117]).

Beispiel 2.24: Gegeben sei der vollständige Graph K_{90}. In diesem Graphen gibt es $\frac{90 \cdot 89}{2} = 4005$ Kanten.

Der Graph, der die Ausgangsituation der Einteilung der fünf Landesligen in Bayern modelliert, ist vollständig und hat 4005 Kanten. Jedoch ist hierdurch noch kein Kriterium zur Einteilung von je 18 Teams in jede der fünf Staffeln der Landesliga gegeben. Um ein solches konstruieren zu können, muss man erst die Kanten gewichten.

Definition 2.25: Ein **gewichteter Graph** ist ein Graph $G = (V, E)$, in dem jeder Kante $e \in E$ ein Gewicht zugeordnet wird. Hierzu wird eine Gewichtsfunktion

$$d\colon E \longrightarrow \mathbb{R}$$

verwendet. Für alle $e \in E$ bezeichnet $d(e)$ das Gewicht der jeweiligen Kante (vgl. [COR01, S.532]).

Als mögliche Kantengewichte für den oben beschriebenen vollständigen Graphen K_{90}, dessen Kanten den Fahrtweg beschreiben, eignen sich die Fahrtstrecken bzw. die Fahrtzeiten von Spielort zu Spielort. Wie man anhand der Kantengewichtung eine optimale Einteilung unter Einhaltung aller relevanten Restriktionen bestimmt, ist Inhalt von Kapitel 2.3 und von Kapitel 5.

Definition 2.26: Sei $G = (V, E)$ ein Graph mit $|V| = n$ und sei $k \geq 2$ eine natürliche Zahl. Die Zuordnung jedes Knoten v der Knotenmenge V in genau eine von k paarweise disjunkten Mengen $V_1, \ldots, V_k$ ($V_i \subseteq V \ \forall \ i = 1, \ldots, k$), wobei $|V_1| = m_1, \ldots, |V_k| = m_k$ mit $\sum_{i=1}^{k} m_i = n$ gilt, bezeichnet man als **Partition** des Graphen. Haben alle m_i ($i = 1, \ldots, k$) gleiche Kardinalität, so spricht man von **Graph Equipartition** (vgl. [SOT12, S.1]).

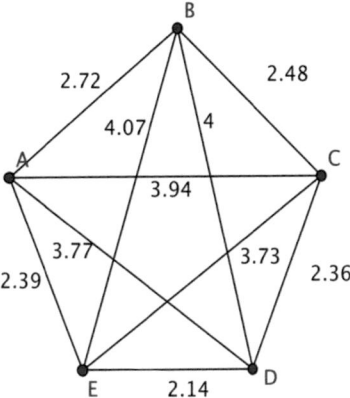

Abbildung 3: Der vollständige Graph K_5 mit Kantengewichten (eigene Darstellung mit GeoGebra)

Hat man nun eine Graph Equipartition der 90 Landesligisten in fünf Staffeln gefunden, so spielt im Laufe einer Saison jede Mannschaft gegen jedes andere Team seiner Gruppe. Da natürlich auch hier jeder Ort innerhalb einer Division von jedem anderen Ort dieser Division erreichbar ist, induziert die Gruppeneinteilung fünf vollständige Untergraphen $G_i = (V_i, E_i)$ ($i = 1, ..., 5$) des vollständigen Graphen K_{90}. Hierbei gilt:

$$|V_i| = 18 \quad \forall\, i = 1, ..., 5$$
$$E_i = \{\, (u, v) \mid u, v \in V_i, u \neq v \,\} \quad \forall\, i = 1, ..., 5$$

Etwas allgemeiner wird dies in Definition 2.27 und der nachfolgenden Erläuterung dargestellt:

Definition 2.27: Seien $G = (V, E)$ ein ungerichteter Graph und $U \subseteq V$ eine Teilmenge der Knotenmenge von G. U heißt **Clique** in G, falls gilt (vgl. [GUR10, S.28]):

$$(u, v) \in E \text{ für alle } u, v \in U \text{ mit } u \neq v$$

Dies impliziert, dass eine Lösung des Problems aus 1.2 eine Partition des vollständigen Graphen K_{90} in Cliquen mit jeweils 18 Knoten ist, denn es sind nur noch Kanten relevant, die zwischen zwei Mannschaften der gleichen Staffel verlaufen. Zwischen Teams unterschiedlicher Staffeln finden keine Spiele statt. Daher sind diese Kanten für den im Laufe dieser Arbeit bestimmten Zielfunktionswert (vgl. Kapitel 2.3) uninteressant. Auch hierauf wird in den

Abschnitten 2.3 und 5 genauer eingegangen. Bei den obigen Ausführung wurde erneut unterstellt, dass Hin- und Rückweg identisch sind, so dass eine einzige ungerichtete Kante für die Modellierung des Fahrtwegs zwischen zwei Orten genügt. Dabei ist es zunächst unwesentlich, dass diese Kante während einer Saison eigentlich vier Mal (jede Mannschaft muss hin und zurück fahren und spielt ein Mal daheim und ein Mal auswärts gegen jeden Gegner) abgefahren wird. Es wird in der Modellierung zunächst von einer Fahrt über diese Kante ausgegangen und erst in der Interpretation der Ergebnisse mit dem Faktor 4 multipliziert.

Ein weiterer graphentheoretischer Begriff, der in dieser Ausarbeitung noch von Bedeutung sein wird, ist das Matching.

Definition 2.28: Sei $G = (V, E)$ ein Graph. Ein **Matching** ist eine Teilmenge $M \subseteq E$ der Kantenmenge, so dass keine zwei Kanten aus M einen gemeinsamen Knoten haben. Ist jeder Knoten v der Knotenmenge V in genau einer Kante aus M, so nennt man M ein **perfektes Matching**. Die **Größe des Matchings** ist durch die Anzahl der Kanten in M gegeben (vgl. [GUR10, S.45]).

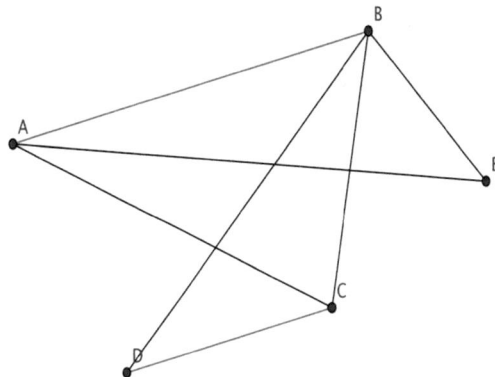

Abbildung 4: Ein mögliches Matching auf dem Graphen aus Abbildung 2 (eigene Darstellung mit GeoGebra)

Als Beispiel sei hier nochmals der Graph aus Abbildung 2 angeführt. Abbildung 4 zeigt durch die rot gekennzeichneten Kanten ein mögliches Matching auf diesem Graphen. Allerdings ist dieses nicht perfekt, da der Knoten E in keiner Kante des Matchings enthalten ist. Die Größe des Matchings beträgt zwei, da das Matching zwei Kanten enthält.

2.3 Grundlagen der Optimierung

In diesem Abschnitt sollen Grundlagen im Bereich Optimierung vorgestellt werden, welche zur Lösung des gegebenen Problems notwendig sind. Der erste Grundbegriff, der definiert werden soll, ist das kombinatorische Optimierungsproblem. Dieser Begriff soll zudem zur Beschreibung der Staffeleinteilung und der Spielplanerstellung verwendet werden.

Definition 2.29: „Ein kombinatorisches Optimierungsproblem Π ist charakterisiert durch vier Komponenten:

- $\mathcal{D}$: die Menge der (Problem)-Instanzen, Eingaben
- $S(I)$ für $I \in \mathcal{D}$: die Menge der zu Eingabe I zulässigen Lösungen
- Die Bewertungs- oder Maßfunktion $f: S(I) \longrightarrow \mathbb{N}^{\neq 0}$
- ziel $\in \{min, max\}$

Gesucht ist zu $I \in \mathcal{D}$ eine zulässige Lösung $\sigma_{opt} \in S(I)$, so dass

$$f(\sigma_{opt}) = \text{ziel} \, \{ f(\sigma) \mid \sigma \in S(I) \}.$$

$f(\sigma)$ ist der Wert der zulässigen Lösung σ ([WAN06, S.8f.])."

Das Hauptziel dieser Arbeit ist das Lösen zweier kombinatorischer Optimierungsprobleme. Es soll zunächst eine Gruppeneinteilung gefunden werden, in der die Summe aller Fahrtstrecken (alternativ die Fahrtzeiten) minimiert wird und die jeder Mannschaft garantiert, dass sie an keinem Wochenspieltag länger wie 60 Minuten fahren muss. Anschließend soll ein Spielplan konzipiert werden, der die Fahrtbedingung unter der Woche einhält. Diese beiden Optimierungsprobleme sollen in den Beispielen 2.30 und 2.32 anhand von Definition 2.29 beschrieben werden.

Beispiel 2.30: Gesucht ist eine Einteilung der 90 Teams in fünf Staffeln zu je 18 Teams, welche die Spieltagsbedingungen (Fahrtzeiten sind alle maximal eine Stunde) unter der Woche einhält. Dieses Problem wird im Folgenden als **(KWAYRES)** bezeichnet. Dabei wird an dieser Stelle noch kein Minimierungsziel spezifiziert. Im weiteren Verlauf dieses Beispiels werden allerdings noch zwei mögliche Varianten von Zielfunktionen vorgestellt.

Wie in der Datenerfassung in Kapitel 3 ausgeführt wird, gibt es genau 2 Spieltage, die nicht am Wochenende ausgetragen werden.

- $\mathcal{D} = \{ < K_{90}, \, d, \, t > \mid K_{90}$ ist vollständiger Graph auf 90 Knoten,

  $\qquad d: E \longrightarrow \mathbb{N} \quad$ Kantengewichtung bzgl. Fahrtstrecken,

  $\qquad t: E \longrightarrow \mathbb{N} \quad$ Kantengewichtung bzgl. Fahrtzeiten $\}$

- $S(< K_{90}, \, d, \, t >) = \{ G^* \mid G^*$ besteht bezüglich der Kantengewichtung $d: \ E \longrightarrow \mathbb{N}$ (alternativ bezüglich $t: \ E \longrightarrow \mathbb{N})[1]$ aus 5 paarweise disjunkten Cliquender Kardinalität 18 und es existieren auf $G^*|_{(V, E_{60})}$ zwei disjunkte, perfekte Matchings bezüglich der Kantengewichtung $t: \ E \longrightarrow \mathbb{N} \}$

Hierbei bezeichnet $G^*|_{(V,E_{60})}$ den Teilgraphen von G^*, den man erhält, wenn man die Kanten der fünf Cliquen, aus denen G^* besteht, mit den Fahrtzeiten gewichtet und alle Kanten weglässt, die eine Fahrtzeit von mehr als 60 Minuten aufzeigen. Die beiden perfekten, disjunkten Matchings auf $G^*|_{(V,E_{60})}$ induzieren die beiden Spieltage, die unter der Woche stattfinden. Zur Veranschaulichung sollen die Abbildungen 5 und 6 dienen.

---

[1] Die Wahl von $d: \ E \longrightarrow \mathbb{N}$ als Kantengewichte von G^* ist für das auf S.18f erläuterte Problem **(KWAYRESDIS)** nötig, die Wahl von $t: \ E \longrightarrow \mathbb{N}$ als Kantengewichte von G^* braucht man für das auf S.18f. erläuterte Problem **(KWAYRESTIM)**. Im Fall **(KWAYRESTIM)** genügt als Eingabe $\mathcal{D} = \{ < K_{90}, \, t > \mid K_{90}$ ist vollständiger Graph auf 90 Knoten, $t: \ E \longrightarrow \mathbb{N}$ Kantengewichtung bzgl. Fahrtzeiten $\}$

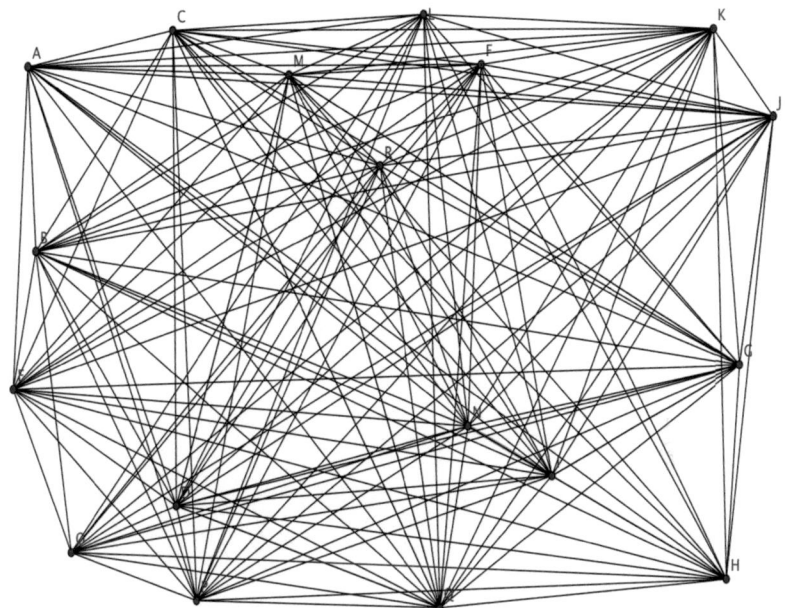

Abbildung 5: Der K_{18} (mit gedachten Fahrtstrecken als Kantengewichte, eigene Darstellung mit GeoGebra)

In Abbildung 5 ist eine der fünf Cliquen, die sich bei der Gruppeneinteilung ergeben, aufgezeigt. Da jeder Ort von jedem anderen Ort aus erreichbar ist, gibt es eine Kante zwischen je zwei Knoten dieser Clique. Als Kantengewichte werden die Fahrtstrecken (alternativ die Fahrtzeiten) zwischen den jeweiligen Knoten „gedacht". Diese wurden in der Abbildung weggelassen, um nicht an Übersichtlichkeit zu verlieren. In Abbildung 6 werden alle Kanten der in Abbildung 5 dargestellten Clique mit den Fahrtzeiten gewichtet und die Kanten mit einem Gewicht, welches echt größer als 60 ist, werden entfernt. Beispielsweise bedeutet das Gewicht 55 der Kante (A, C), dass die Fahrtzeit von Ort A nach C bzw. von C nach A 55 Minuten beträgt. Die Abbildung 6 spiegelt $G^*|_{(V, E_{60})}$ für lediglich eine Staffel wieder. Die roten und die grünen Kanten geben hierbei die zwei disjunkten, perfekten Matchings an. Die übrigen, schwarzen Kanten sind alle weiteren Kanten mit einem Gewicht von höchstens 60. Jede zulässige Lösung des Problems aus 1.2 muss in jeder der fünf Staffeln ein solches disjunktes, perfektes Matching bezüglich der Fahrtzeiten haben, denn die beiden Matchings stellen zwei mögliche Spieltage, die unter der Woche stattfinden können, dar. Die roten Kanten geben hierbei die Begegnungen des einen Spieltags an, die grünen Kanten liefern die Partien des anderen Spieltags. Die Interpretation der Matchingkanten ist wie folgt: Die beiden

Knoten, die zu einer Kante inzident sind, stellen zwei Teams dar, welche an einem Spieltag gegeneinander antreten.

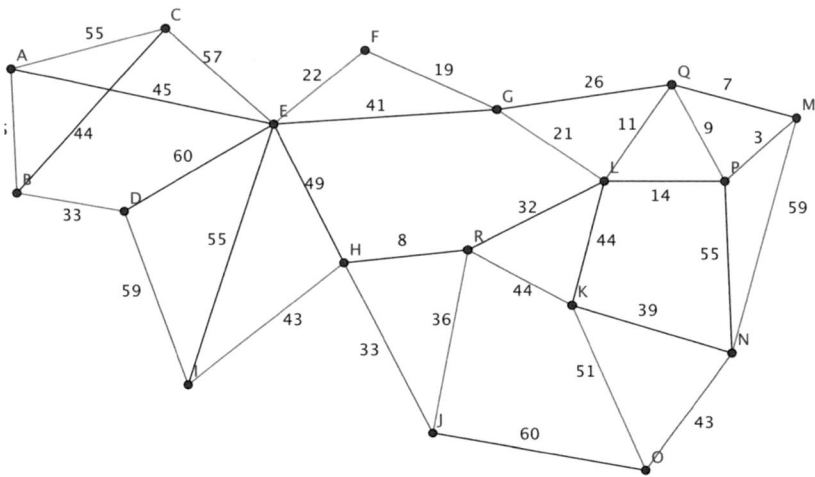

Abbildung 6: Der Graph K_{18} eingeschränkt auf Kanten mit einem Gewicht (Fahrtzeit) von höchstens 60 und die Darstellung zweier disjunkter, perfekter Matchings (eigene Darstellung mit GeoGebra)

Durch Abbildung 6 werden nun anhand der beiden disjunkten Matchings die zwei folgenden Spieltage (nur Paarungen, keine Aussage über Heimrecht) induziert:

Spieltag 1	Spieltag 2
$A - C$	$A - B$
$E - F$	$C - E$
$G - L$	$F - G$
$Q - P$	$L - Q$
$M - N$	$P - M$
$O - K$	$N - O$
$R - J$	$K - R$
$H - I$	$J - H$
$B - D$	$I - D$

Abbildung 7: Begegnungen aus Abbildung 6 (eigene Darstellung)

- Die Bewertungsfunktion (vgl. [OOS01, S.209]):

$$f(G^*) = \sum_{i=1}^{5} \sum_{(u,v) \in Q_i} d(u,v) \quad \text{(I)}$$

Dabei bezeichnen die Q_i $(i = 1, \dots, 5)$ die fünf (zulässigen) disjunkten Cliquen und $d(u,v)$ das Gewicht (Fahrtstrecke) der Kante $(u,v) \in Q_i$ $(i \in \{1, \dots, 5\})$. In die Berechnung fließen nur Kanten innerhalb der fünf Cliquen ein, da es keine Fahrten zwischen Teams unterschiedlicher Staffeln gibt. Alternativ könnte man zur Berechnung des Zielfunktionswertes die Kanten auch mit den Fahrtzeiten gewichten, wodurch die Fahrtstrecken als Gewichte und somit auch als Eingabe überflüssig wären:

$$f(G^*) = \sum_{i=1}^{5} \sum_{(u,v) \in Q_i} t(u,v) \quad \text{(II)}$$

Ist die Wahl der Zielfunktion für die Argumentation relevant, so werden die beiden eben dargestellten Varianten des Problems **(KWAYRES)** im Folgenden unterschiedlich bezeichnet. Bezieht sich die Zielfunktion auf die Fahrtstrecken (I), so wird das Problem mit **(KWAYRESDIS)** abgekürzt. Bezieht sich die Zielfunktion auf die Fahrtzeiten (II), so bezeichne **(KWAYRESTIM)** die zugehörige Optimierungsaufgabe. Ist die Wahl der Zielfunktion nicht von Bedeutung, so wird weiterhin die Abkürzung **(KWAYRES)** verwendet. In diesem Fall gelten die für **(KWAYRES)** getroffenen Aussagen sowohl für **(KWAYRESDIS)** als auch für **(KWAYRESTIM)**.

- ziel $= min$

Das Ziel dieses kombinatorischen Optimierungsproblems ist klar. Die Zielfunktion soll minimiert werden, damit der Aufwand für die Vereine möglichst gering ist.

Bemerkung 2.31: In den Ausführungen in Kapitel 5 soll bei **(KWAYRESDIS)** bzw. **(KWAYRESTIM)** zusätzlich darauf geachtet werden, dass kein Team eine zu weite bzw. eine zu lange Fahrt absolvieren muss. Diese jeweilige Forderung stellt bei beiden Optimierungsvarianten eine weitere Bedingung an eine zulässige Lösung dar und wird in Kapitel 5 spezifiziert.

Beispiel 2.32: Ist eine optimale Einteilung gefunden, so muss in jeder Staffel ein Spielplan konzipiert werden, der an den beiden Spieltagen, welche unter der Woche stattfinden, kein Spiel enthält, bei dem die Gastmannschaft länger als eine Stunde fahren muss. Des Weiteren soll der Spielplan kein Team benachteiligen und es sollen möglichst viele Wünsche der Vereine erfüllt werden. Die Formulierung dieser Anforderungen als kombinatorisches Optimierungsproblem soll nun (für eine Staffel) dargestellt werden:

- $\mathcal{D} = \{ \mathcal{L} \mid \mathcal{L} = \{1, \dots, 18\}$ ist eine Liga mit 18 Mannschaften $\}$
- $S(\mathcal{L}) = \{ \mathfrak{R} \mid \mathfrak{R}$ ist ein Spielplan im gespiegelten DRRT $-$ Format mit 48 Breaks[2], der kein Spiel enthält, bei dem die Gastmannschaft unter der Woche länger als 60 Minuten fahren muss $\}$
- Die Zielfunktion:

$$f(\mathfrak{R}) = \mu_1 \cdot g(\mathfrak{R}) + \mu_2 \cdot h(\mathfrak{R})$$

Hierbei beschreibt die Funktion $g\colon \mathfrak{R} \to \mathbb{N}$ die Fairness des Spielplans. Die Funktion $h\colon \mathfrak{R} \to \mathbb{N}$ stellt die Anzahl der erfüllten Wünsche der Mannschaften dar. Durch die Gewichte μ_1, $\mu_2 \in \mathbb{R}^+$ mit $\mu_1 + \mu_2 = 1$, ist es möglich, die Fairness und die Anzahl der erfüllten Wünsche unterschiedlich stark in den Zielfunktionswert einfließen zu lassen (vgl. [BAR01, S.79ff.]). Die genaue Konstruktion der Funktionen g und h ist Inhalt von Paragraph 6.

- ziel $= max$

Selbstverständlich muss es das Ziel der Spielplanerstellung sein, möglichst viele Wünsche der Vereine zu erfüllen und einen fairen Spielplan zu erzeugen. Deshalb soll der Zielfunktions-wert f maximiert werden.

„Das Ziel der kombinatorischen Optimierung besteht (...) darin, Algorithmen zu entwerfen, die (erheblich) schneller als die Enumeration aller Lösungen sind. Kombinatorische und ganzzahlige Optimierungsprobleme stehen in enger Beziehung ([GRÖ97, S.12])", denn kombinatorische Optimierungsprobleme können als lineare oder ganzzahlige Programme formuliert werden (vgl. [GEI02, S.129]).

Definition 2.33: Seien $A \in \mathbb{R}^{m \times n}, b \in \mathbb{R}^m, c \in \mathbb{R}^n$ und $p \in \{1, \dots, n\}$. Dann nennt man

$$\max \quad c^T x$$
$$s.t. \quad Ax \leq b$$
$$x \in \mathbb{Z}^p \times \mathbb{R}^{n-p}$$

---

[2] Dies ist die minimale Anzahl an Breaks in einem Spielplan für 18 Teams im gespiegelten DRRT-Format. Ausführlich wird hierauf in Kapitel 6 eingegangen

ein **gemischt ganzzahliges lineares Programm (MIP)** (vgl. [MAR13, S.232]).

Die folgende Definition 2.34 beschäftigt sich mit Spezialfällen des gemischt ganzzahligen linearen Programms aus 2.33:

Definition 2.34: Gegeben sei das gemischt ganzzahlige lineare Programm aus 2.33. Für dieses gibt es die folgenden Spezialfälle (vgl. [MAR13, S.232]):

- $p = 0$ $\left(\text{lineares Programm (LP)}\right)$:

$$\max \ c^T x$$
$$s.t. \quad Ax \leq b$$
$$x \in \mathbb{R}^n$$

- $p = n$ $\left(\text{rein ganzzahliges Programm (IP)}\right)$:

$$\max \ c^T x$$
$$s.t. \quad Ax \leq b$$
$$x \in \mathbb{Z}^n$$

- $p = n$ und $x \in \{0,1\}^n$ (**binäres Programm**):

$$\max \ c^T x$$
$$s.t. \quad Ax \leq b$$
$$x \in \{0,1\}^n$$

Besonders das binäre Programm wird in dieser Arbeit noch von großer Bedeutung sein, denn in den Kapiteln 4, 5 und 6 werden die in den Beispielen 2.30 und 2.32 formulierten kombinatorischen Optimierungsprobleme als binäre Programme formuliert und mit deren Hilfe gelöst.

Definition 2.35: Bei einem **Entscheidungsproblem** soll eine Entscheidung (ja oder nein) zu einer gestellten Frage getroffen werden (vgl. [BOR01, S.415]).

Definition 2.36: Die **Komplexitätsklasse P** umfasst die Menge aller Entscheidungsprobleme, zu deren Lösung es einen Polynomzeitalgorithmus gibt (vgl. [SCH98, S.18]).

Definition 2.37: „Ein Entscheidungsproblem $\mathcal{A}$ liegt in der **Komplexitätsklasse NP**, falls ein Polynom $poly$ und einen Polynomzeitalgorithmus A existieren, der für jede Eingabe x und jedes mögliche Zertifikat y der Länge höchstens $poly(|x|)$ einen Wert $t(x, y)$ berechnet, so dass gilt:

1. Lautet die Antwort zur Eingabe x „Nein", dann gilt $t(x, y) = 0$ für alle möglichen Zertifikate.

2. Lautet die Antwort zur Eingabe x „Ja", dann gilt $t(x, y) = 1$ für wenigstens ein Zertifikat ([MEI98, S.17])".

Die Komplexitätsklasse NP besteht demnach aus Problemen, für die eine Lösung in polynomieller Laufzeit als korrekt verifiziert werden kann (vgl. [COR07, S.984]). Jedes Problem aus der Komplexitätsklasse **NP** kann durch die vollständige Enumeration aller Lösungskandidaten gelöst werden (vgl. [KAR09, S.63]). Offensichtlich gilt P $\subseteq$ NP. Ob auch P $=$ NP gilt ist bislang unbekannt (vgl. [COR07, S.984]).

Definition 2.38: Ein Entscheidungsproblem L heisst **NP-vollständig**, wenn

- $L \in$ NP (1)
- $\forall L^* \in$ NP: $L^* \leq_p L$ (2)

Die zweite Bedingung (2) fordert, dass es für alle $L^* \in$ NP eine Polynomzeitreduktion ($\leq_p$) von L^* auf L gibt. Deshalb ist L mindestens genauso schwer lösbar wie jedes andere Problem aus der Klasse NP. Probleme, welche die zweite Bedingung erfüllen, nennt man **NP-schwer** (vgl. [WEG05, S.46]).

Definition 2.39: „Ein Optimierungsproblem heißt **NP-schwer**, wenn das zugehörige Entscheidungsproblem NP-vollständig ist ([BOR01, S.423])".

Bislang ist kein Polynomzeitalgorithmus zur Lösung eines NP-vollständigen bzw. NP-schweren Problems und somit aller NP-vollständigen bzw. aller NP-schweren Probleme bekannt (vgl. [COR07, S.971]). Zu entscheiden, ob ein rationales Ungleichungssystem $Ax \leq b$ (vgl. 2.33 mit $A \in \mathbb{Q}^{m \times n}, h \in \mathbb{Q}^m$) eine ganzzahlige Lösung besitzt ist NP-vollständig. Das Lösen eines (gemischt) ganzzahligen linearen Programms ist NP-schwer. Man kann also nicht davon ausgehen, eine beweisbar optimale Lösung in polynomieller Laufzeit zu finden. Das Gleiche gilt für binäre Programme (vgl. [SCH98, S.245ff.] &

[COO71, S.151ff.]). Exakte Verfahren zur Lösung von (gemischt) ganzzahligen linearen Programmen durchsuchen den gesamten Lösungsraum. Daher garantieren sie, dass nach endlicher, aber im schlechtesten Fall exponentieller Laufzeit die optimale Lösung gefunden wird (vgl. [SCH98, S.360ff.]). Das exakte Verfahren, welches hier beschrieben werden soll, ist das **Branch-and-Bound-Verfahren** nach dem Algorithmus von Dakin (1965):

Algorithmus 1 (vgl. [DAK65, S.250ff.]):

Input: Ein (gemischt oder rein) ganzzahliges lineares Programm M_0 mit rationalen Daten (vgl. Definition 2.33 & 2.34)

Output: Eine optimale Lösung oder die Meldung, dass es keine zulässige Lösung gibt

1. Initialisierung:

    a. Setze die untere Schranke: $z_{MIP} := -\infty$

    b. Setze die Kandidatenliste $K = \{M_0\}$

    c. Setze $k := 0$

    d. Lege Speicherplatz für die beste bisher gefundene Lösung x_{best} an

2. **IF** $K = \{ \ \}$ **THEN STOP** und gib aus:

    a. **IF** $z_{MIP} = -\infty$: Es gibt keine zulässige Lösung

    b. **IF** $z_{MIP} > -\infty$: z_{MIP} ist optimaler Zielfunktionswert

3. Branching: **IF** $K \neq \{ \ \}$ **THEN** wähle $M_j \in K$

4. Bounding: Löse das zu M_j gehörende relaxierte Maximierungsproblem M_j^*

5. **IF** $M_j^* = \{ \ \}$ **or IF** $c^T x$ ist unbeschränkt auf M_j^* **THEN STOP** und gehe zu (2)

6. **IF** $M_j^* \neq \{ \ \}$ **and** $c^T x$ ist beschränkt auf M_j^* **THEN** x_{rel} ist optimaler Punkt für M_j^* und $z_{rel} = c^T x_{rel}$ ist optimaler Zielfunktionswert von M_j^*

7. **IF** $z_{rel} \leq z_{MIP}$ **THEN** entferne M_j aus K, gehe zu (2)

8. **IF** $z_{rel} \geq z_{MIP}$ **and** x_{rel} erfüllt alle Ganzzahligkeitsbedingungen **THEN** setze $z_{MIP} := z_{rel}$ und $x_{best} := x_{rel}$. Entferne M_j aus K, gehe zu (2)

9. **IF** $z_{rel} \geq z_{MIP}$ **and** x_{rel} verletzt mindestens eine Ganzzahligkeitsbedingung $(x_{rel}^i \in \mathbb{Z})$ **THEN** entferne M_j aus K und setze:

$$M_{k+1} := M_j \cap \{ \ x \mid x^i \leq \text{floor} \left(x^i \right) \}$$

$$M_{k+2} := M_j \cap \{ \ x \mid x^i \geq \text{ceil} \left(x^i \right) \}$$

$$K := K \cup M_{k+1} \cup M_{k+2}$$

Setze $k := k + 2$ und gehe zu (2)

Ergänzt man einen Branch-and-Bound-Algorithmus um Schnittebenenverfahren, so spricht man von einem **Branch-and-Cut Verfahren.** Hierbei sei vor allem auf die Arbeit von Johnson und Padberg verwiesen, die zeigten, dass auch große binäre Programme anhand von Branch-and-Cut-Algorithmen gelöst werden können. Dabei wurde der Branch-and-Bound-Algorithmus um Schnittebenenverfahren, um ein Presolving sowie um primale Heuristiken ergänzt. Das Presolving sorgt für eine bessere Formulierung des (gemischt) ganzzahligen Programms. Dies bedeutet, dass das MIP durch eine Umformulierung einfacher zu lösen ist. Die Heuristiken werden vor allem im Bereich „Bounding" verwendet (vgl. [JOH83, S.803ff.]). Auf Schnittebenenverfahren wird an dieser Stelle nicht eingegangen. Hierzu vergleiche man beispielsweise [GOM60] und [GOM63, S.269ff.].

Die derzeit besten Softwarepakete im Bereich ganzzahlige Optimierung verwenden Branch-and-Cut-Algorithmen (vgl. [GUR14 (1)]). Zur Lösung der binären Programme in Kapitel 5 und 6 wird das äußerst leistungsfähige Softwarepaket GUROBI OPTIMIZATION (vgl. [GUR14 (2)]) verwendet.

3 Datenerfassung

Inhalt dieses Kapitels sind die für das gegebene Optimierungsproblem notwendigen Daten. Hierbei wird zusätzlich auf die Erfassung der Daten eingegangen.

3.1 Die Staffeleinteilung des Bayerischen Fussball-Verbandes

Der Bayerische Fussball-Verband nimmt jedes Jahr rechtzeitig vor Beginn der neuen Saison die Einteilung der Vereine in die verschiedenen Staffeln der Landesliga vor:

Spielordnung BFV: § 10 Einteilung in Spielklassen: (1) Die Mannschaften der Vereine werden in die Spielklasse eingeteilt, die ihnen aufgrund der letzten Verbandsrunde zusteht ([BFV14 (1), S.6]).

Die Einteilung der verschiedenen Staffeln ist in § 10 (2) der Spielordnung des BFV geregelt:

Die Zusammenfassung der gemeldeten Mannschaften in die einzelnen Spielgruppen nehmen die Spielleiter nach geographischen, spieltechnischen und verkehrstechnischen Gegebenheiten vor ([BFV14 (1), S.6]).

Für die Saison 2013/2014 ergaben sich durch die Einteilung des BFV die nachfolgenden Gruppen (vgl. [BFV14 (2)]). Für die spätere Modellierung wird jeder Mannschaft eine Nummer $i \in \mathbb{N}$ zugeordnet. Da es insgesamt 90 Mannschaften sind, eignen sich sinnvollerweise die Zahlen von 1 bis 90. Die einem Verein zugeordnete Nummer ist jeweils hinter dem Verein in Klammern aufgeführt. Beispielsweise bedeutet TuS Frammersbach (1), dass dem TuS Frammersbach die Nummer 1 zugeordnet wird.

Landesliga Nordwest: TuS Frammersbach (1), FC Viktoria Kahl (2), SV Garitz (3), FT Schweinfurt (4), 1. FC Augsfeld (5), 1. FC Sand (6), TSV Karlburg (7), FC Blau-Weiß Leinach (8), TSV Lengfeld (9), ASV Rimpar (10), Würzburger FV II (11), DJK Don Bosco Bamberg (12), SpVgg Stegaurach (13), FVgg Bayern Kitzingen (14), TSV Abtswind (15), TSV Kleinrinderfeld (16), SpVgg Ansbach (17), TSV Neustadt/Aisch (18)

Landesliga Nordost: SV Friesen (19), 1. FC Burgkunstadt (20), TSV Neudrossenfeld (21), BSC Bayreuth (22), 1. FC Trogen (23), SpVgg Oberkotzau (24), FC Vorwärts Röslau (25), TSV Kirchenlaibach-Speichersdorf (26), 1. FC Strullendorf (27), SV Pettstadt (28), SV

Buckenhofen (29), ASV Pegnitz (30), ASV Vach (31), FSV Stadeln (32), SG Quelle Fürth (33), TSV Buch (34), Dergahspor Nürnberg (35), ASV Veitsbronn-Siegelsdorf (36)

Landesliga Mitte: SV Mitterteich (37), SV Etzenricht (38), 1. SC Feucht (39), SC Ettmannsdorf (40), DJK Vilzing (41), ASV Cham (42), 1. FC Bad Kötzting (43), SpVgg Lam (44), ASV Burglengenfeld (45), TSV Kareth-Lappersdorf (46), SV Fortuna Regensburg (47), FC Tegernheim (48), VfB Bach (49), SV Burgweinting (50), TSV Bad Abbach (51), TV Schierling (52), SpVgg Ruhmannsfelden (53), SpVgg GW Deggendorf (54)

Landesliga Südost: FC Gerolfing (55), FC Ergolding (56), 1. FC Passau (57), TSV Waldkirchen (58), TuS 1860 Pfarrkirchen (59), SV Hebertsfelden (60), SE Freising (61), TSV Eching (62), VfB Hallbergmoos (63), TSV Ampfing (64), SV Erlbach (65), TSV Dachau (66), SC Kirchheim (67), FC F. Markt Schwaben (68), TG-Ataspor München (69), FC Deisenhofen(70), TuS Holzkirchen (71), SV Kirchanschöring (72)

Landesliga Südwest: Spfr. Dinkelsbühl (73), TSV Nördlingen (74), FC Gundelfingen (75), SC Bubesheim (76), TSV Aindling (77), TSV Gersthofen (78), TSV 1862 Friedberg (79), SV Mering (80), TSG Thannhausen (81), FV Illertissen II (82), SC Oberweikertshofen (83), SC Fürstenfeldbruck (84), TSV Landsberg (85), FC Memmingen II (86), TSV Ottobeuren (87), SpVgg Kaufbeuren (88), TSV Kottern (89), VfB Durach (90)

Schließlich wird auch noch den einzelnen Staffeln eine Nummer von 1 bis 5 zugeordnet, denn dies vereinfacht die Modellierung in Kapitel 4, 5 und 6:

Landesliga Nordwest (1), Landesliga Nordost (2), Landesliga Mitte (3), Landesliga Südost (4), Landesliga Südwest (5)

Bemerkung 3.1: Im Januar 2014 gab der 1.FC Augsfeld bekannt, dass er seine Mannschaft mit sofortiger Wirkung aus dem Spielbetrieb zurückzieht (vgl. [FUP14]). Dieser Umstand hat auf das in 1.2 dargestellte Problem keinerlei Auswirkung, da die Gruppeneinteilung und die Spielplanerstellung vor der Saison stattfinden und nicht mehr durch Ereignisse während der Saison, wie zum Beispiel einem Rückzug, beeinflusst werden.

Die nachfolgende Abbildung 8 soll die vom BFV vorgenommene Einteilung geografisch auf einer Landkarte veranschaulichen.

24

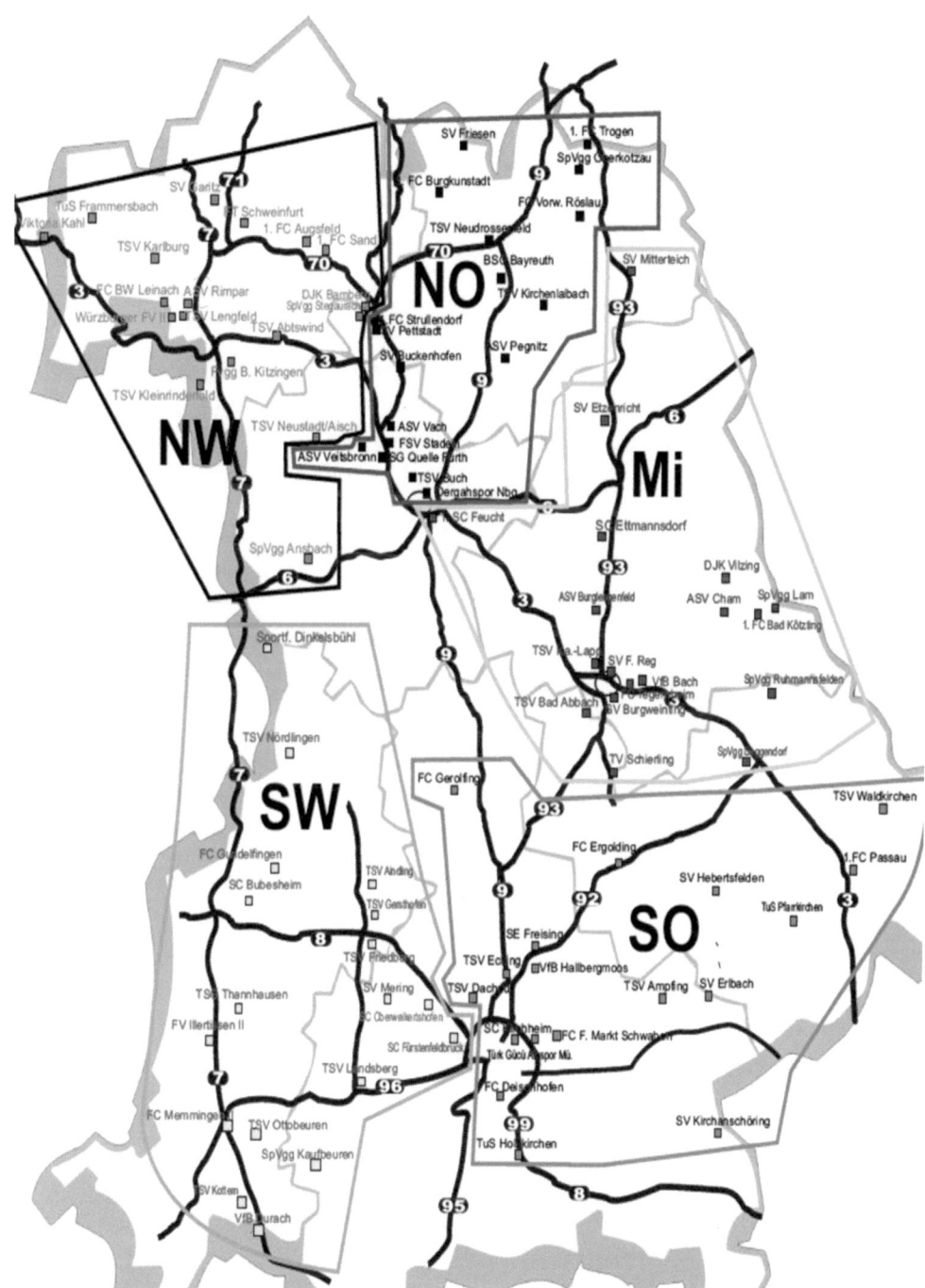

Abbildung 8: Die Staffeleinteilung des BFV (aus [FUP13 (1)])

3.2 Rahmentermine und Spielpläne

In diesem Abschnitt wird auf den Rahmenterminkalender der Landesliga Bayern und die vom BFV erstellten Spielpläne eingegangen. Spieltage, die unter der Woche stattfinden, sind in der nachfolgenden Übersicht rot markiert.

Spieltag	1	2	3	4	5	6	7	8	9
Datum	20.7/ 21.7	24.7/ 25.7	27.7/ 28.7	3.8/ 4.8	10.8/ 11.8	14.8/ 15.8	17.8/ 18.8	24.8/ 25.8	31.8/ 1.9
Spieltag	10	11	12	13	14	15	16	17	18
Datum	7.9/ 8.9	14.9/ 15.9	21.9/ 22.9	28.9/ 29.9	5.10/ 6.10	12.10/ 13.10	19.10/ 20.10	26.10 27.10	2.11/ 3.11
Spieltag	19	20	21	22	23	24	25	26	27
Datum	9.11/ 10.11	16.11/ 17.11	23.11/ 24.11	30.11/ 1.12	8.3/ 9.3	15.3/ 16.3	22.3/ 23.3	29.3/ 30.3	5.4/ 6.4
Spieltag	28	29	30	31	32	33	34		
Datum	12.4/ 13.4	19.4/ 20.4	26.4 27.4	3.5/ 4.5	10.5/ 11.5	17.5/ 18.5	24.5/ 25.5		

Abbildung 9: Rahmentermine der Landesliga Bayern (eigene Darstellung nach [BFV13 (2)])

Man erkennt, dass 32 Spieltage am Wochenende angesetzt sind. Die Spieltage 2 und 6 werden unter der Woche ausgetragen. An diesen beiden Terminen soll keine Mannschaft länger als 60 Minuten fahren müssen. An allen anderen Spieltagen darf (und muss teilweise) die Fahrtdauer länger als eine Stunde betragen, um eine zulässige Einteilung und einen zulässigen Spielplan generieren zu können.

Für die Spielplanerstellung im Amateurbereich wird vom DFB das starre Schema aus Abbildung 10 vorgeschlagen. Jedem Team der Liga wird dabei eine Zahl zwischen 1 bis 18 zugeordnet. Der Spielplan ist im doppelten DRRT - Format erstellt. Da nur die Teams zu den Kennziffern zugeteilt werden, ist es nur bedingt möglich Wünsche der Vereine zu berücksichtigen, denn zunächst muss eine Zuteilung von den Vereinen zu den Nummer gefunden werden, so dass an den Spieltagen 2 und 6 keine Fahrt länger als eine Stunde dauert. Wie dies bei einem starren Spielplan funktioniert wird in Kapitel 6 erörtert. Zudem werden dort auch Methoden, welche die Wünsche der Vereine berücksichtigen, vorgestellt.

Spieltage	1/18	2/19	3/20	4/21	5/22	6/23	7/24	8/25	9/26
Partien	1-17	2-13	1-15	2-9	1-13	2-5	1-11	2-18	1-9
	3-14	4-11	3-10	4-7	3-6	4-3	3-2	4-16	3-15
	5-12	6-9	5-8	6-5	5-4	6-18	5-17	6-14	5-13
	7-10	8-7	7-6	8-3	7-2	8-16	7-15	8-12	7-11
	9-8	10-5	9-4	10-18	9-17	10-14	9-13	10-1	10-8
	11-6	12-3	11-2	12-16	11-15	12-1	12-10	11-9	12-6
	13-4	14-18	13-17	14-1	14-12	13-11	14-8	13-7	14-4
	15-2	16-1	16-14	15-13	16-10	15-9	16-6	15-5	16-2
	18-16	17-15	18-12	17-11	18-8	17-7	18-4	17-3	18-17

Spieltage	10/27	11/28	12/29	13/30	14/31	15/32	16/33	17/34
Partien	2-14	1-7	2-10	1-5	2-6	1-3	1-2	2-17
	4-12	3-11	4-8	3-7	4-1	4-2	3-18	4-15
	6-10	5-9	6-1	6-4	5-3	6-17	5-16	6-13
	8-1	8-6	7-5	8-2	7-18	8-15	7-14	8-11
	9-7	10-4	9-3	10-17	9-16	10-13	9-12	10-9
	11-5	12-2	11-18	12-15	11-14	12-11	11-10	12-7
	13-3	14-17	13-16	14-13	13-12	14-9	13-8	14-5
	15-18	16-15	15-14	16-11	15-10	16-7	15-6	16-3
	17-16	18-13	17-12	18-9	17-8	18-5	17-4	18-1

Abbildung 10: Vom DFB vorgeschlagener starrer Spielplan für 18 Mannschaften (eigene Darstellung nach [DFB11 (2)])

Der vorgeschlagene Spielplan muss wie folgt interpretiert werden: In der Zeile Spieltage stehen zwei Ziffern, welche durch einen Querstrich / getrennt sind. Die erste Zahl bezeichnet den Hinrundenspieltag, die zweite den Rückrundenspieltag. In der Spalte direkt unterhalb der Spieltage sind dann die am jeweiligen Spieltag auszutragenden Begegnungen aufgeführt, wie sie in der Hinrunde gespielt werden. In der Rückrunde wird jeweils das Heimrecht getauscht.

Dieser Spielplan hat die kleinstmögliche Anzahl an Breaks (48)[3], die man in einer Liga mit 18 Teams erreichen kann, wenn Heim- und Auswärtsspiele einer Mannschaft möglichst oft abwechselnd stattfinden sollen.

Bei genauer Betrachtung fällt bei den vom BFV erstellten Spielplänen auf, dass sie im gespiegelten DRRT Format erstellt sind. Jedoch spielt der 1.FC Augsfeld in der Landesliga Nordwest an den drei aufeinanderfolgenden Spieltagen 17, 18 und 19 auswärts (vgl. [FUP13 (2)]). Dies sollte bei einer Spielplanerstellung nicht passieren. Es sollten maximal 2 Heim- oder Auswärtsspiele in Folge angesetzt werden (vgl. [BFV14 (1)]). Sollte der Grund für die drei Auswärtsspiele in Folge eine Platzsperre bei Augsfeld oder einem der drei Gegner gewesen sein, hätte man anhand der in Abschnitt 6 dargestellten Methoden der diskreten Optimierung einen anderen Spielplan konzipieren können, der kein Team drei Mal in Folge auswärts spielen lässt. Des Weiteren hat der Spielplan der Landesliga Nordwest mehr Breaks als nötig wären (vgl. [FUP13 (2)]). Auch dies vermeiden die später ausgeführten Optimierungsmodelle.

Bemerkung 3.2: Spielausfälle und damit verbundene Nachholspiele sind natürlich im Vorfeld einer Saison nicht bekannt. Daher werden diese im weiteren Verlauf der Ausarbeitung nicht berücksichtigt. Es sei aber angemerkt, dass sich als ein möglicher Nachholtermin das erste Märzwochenende (1.3/2.3) im Jahr 2014 eignen würde.

3.3 Fahrtstrecken und Fahrtzeiten

Zur Ermittlung der Fahrtstrecken und der Fahrzeiten wurde der Microsoft Routenplanungsdienst **bing** verwendet (vgl. [BIN14]). Dabei wurde angenommen, dass die Fahrtstrecke von Spielort A nach Spielort B bzw. von Spielort B nach Spielort A identisch sind. Diese Symmetrie wurde ebenfalls bei den Fahrtzeiten unterstellt. Der Grund hierfür ist zum Einen, dass dadurch der Aufwand bei der Datenermittlung halbiert wurde. Zum Anderen benötigt man für die in Abschnitt 2.2 vorgestellte graphentheoretische Modellierung des Problems aus 1.2 keinen Digraphen mit Hin- und Rückkanten zwischen je zwei Knoten. Vielmehr genügt, wie in den Ausführungen in 2.2 beschrieben, eine ungerichtete Kante zwischen je zwei Knoten in einem ungerichteten, vollständigen Graphen. Darüber hinaus wird durch diese Vereinfachung auch in der Modellierung in Abschnitt 5 eine Vielzahl von Variablen eingespart. Insgesamt wurden mit Hilfe von **bing** 4005 Entfernungen und 4005 Fahrtzeiten (vgl. Satz 2.23 und

---

[3] siehe hierzu Kapitel 6

Beispiel 2.24) ermittelt. Die Fahrtzeit bzw. -strecke von einem Ort zu sich selbst wird jeweils auf 0 gesetzt. Die kürzeste „echte" Entfernung beträgt 3,3 km und ist zwischen dem ASV Vach und dem FSV Stadeln. Die kürzeste „echte" Fahrtzeit findet man zwischen der SpVgg Stegaurach und DJK Don Bosco Bamberg. Die beiden Vereine liegen nur 5 Minuten auseinander. Die beiden am Weitesten von einander entfernten Teams sind der TSV Kirchanschöring und der SV Viktoria Kahl. Zwischen diesen beiden Vereinen liegen 508,8 km. Am Längsten fährt man vom TuS Frammersbach zum TSV Kirchanschöring. Laut **bing** braucht man für diese Fahrt 263 Minuten.

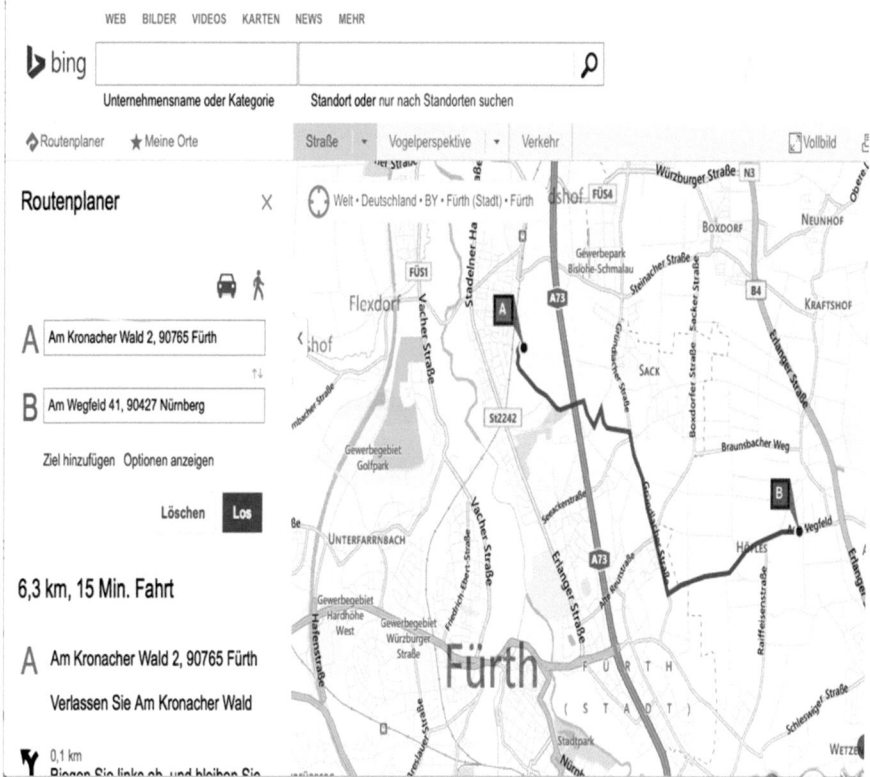

Abbildung 11: Ermittlung der Fahrtzeit und Fahrtstrecke zwischen dem FSV Stadeln und dem TSV Buch-Nürnberg mit Hilfe von **bing** (aus [BIN14])

4 Modellierung der Problemstellung

Das Ziel dieses Kapitels ist es, die in 1.2 ausgeführte Problemstellung in ihrer Gesamtheit als ein binäres Programm zu präsentieren. Ein besonderes Augenmerk soll dabei auf die Formulierung der Nebenbedingungen gelegt werden, denn diese stellen eine Ergänzung bzw. Erweiterung von Abschnitt 1.2 dar.

Begonnen werden soll zunächst mit der Formulierung der notwendigen Restriktionen für die Staffeleinteilung. Anschließend wird das Programm um Bedingungen erweitert, welche für einen zulässigen Spielplan in jeder einzelnen Staffel sorgen.

Gegeben ist eine Menge $\mathcal{M}$ von Mannschaften:

$$\mathcal{M} = \{1, \dots, 90\}$$

Hierbei identifiziert jede Nummer $i \in \mathcal{M}$ genau einen der 90 Landesligisten. Die Zuteilung einer Kennzahl zu jedem Team war Inhalt von Kapitel 3.1. Für die Menge $\mathcal{G}$ der Staffeln

$$\mathcal{G} = \{1, \dots, 5\}$$

wurde ebenfalls in 3.1 eine Zuordnung von jedem Staffelnamen zu einer Ziffer bestimmt. Schließlich wird noch eine Menge $\mathcal{S}$ von Spieltagen benötigt. Um den Aufwand möglichst gering zu halten, wird für jede Staffel nur ein SRRT konstruiert. Die Rückrunde ist dann einfach das Spiegelbild der Hinrunde, wodurch man ein gespiegeltes DRRT erhält:

$$\mathcal{S} = \{1, \dots, 17\}$$

Das im Folgenden formulierte ganzzahlige Programm soll nur Entscheidungen der Form *ja* oder *nein* treffen. Hierfür eignen sich binären Variablen (vgl. [BEN03, S.371]).

Die binäre Variable $x(k, i)$ entscheidet, ob ein Team in eine Staffel eingeteilt wird oder nicht:

$$x(k, i) = \begin{cases} 1 & \text{falls Mannschaft } i \in \mathcal{M} \\ & \text{in Staffel } k \in \mathcal{G} \\ 0 & \text{sonst} \end{cases}$$

Jeder Staffel werden genau 18 Teams zugeordnet:

$$\sum_{i=1}^{90} x(k,i) = 18 \quad \forall \, k \in \mathcal{G} \quad (1)$$

Jede Mannschaft darf nur in genau einer Staffel spielen:

$$\sum_{k=1}^{5} x(k,i) = 1 \quad \forall \, i \in \mathcal{M} \quad (2)$$

Als nächstes wird eine binäre Variable benötigt, die beschreibt, ob ein Spiel an einem Spieltag stattfindet oder nicht (angelehnt an [BRI08, S.7]):

$$y(k,i,j,s) = \begin{cases} 1 & \text{falls Team } i \in \mathcal{M} \text{ daheim gegen } j \in \mathcal{M} \\ & \text{in Staffel } k \in \mathcal{G} \text{ an Spieltag } s \in \mathcal{S} \text{ spielt} \\ 0 & \text{sonst} \end{cases}$$

Sinnvollerweise kann keine Mannschaft gegen sich selbst spielen. Deshalb muss gelten:

$$y(k,i,i,s) = 0 \quad \forall \, k \in \mathcal{G}, \forall \, i \in \mathcal{M}, \forall \, s \in \mathcal{S} \quad (3)$$

Ein Spiel kann nur dann stattfinden, wenn beide Teams der gleichen Staffel zugeteilt sind:

$$2 \cdot y(k,i,j,s) \leq x(k,i) + x(k,j) \quad \forall \, k \in, \forall \, i \in \mathcal{M}, \forall \, j \in \mathcal{M}, \forall \, s \in \mathcal{S} \quad (4)$$

Diese Nebenbedingung ist redundant zu den beiden folgenden Restriktionen:

$$y(k,i,j,s) \leq x(k,i) \quad \forall \, k \in \mathcal{G}, \forall \, i \in \mathcal{M}, \forall \, j \in \mathcal{M}, \forall \, s \in \mathcal{S} \quad (4a)$$

$$y(k,i,j,s) \leq x(k,j) \quad \forall \, k \in \mathcal{G}, \forall \, i \in \mathcal{M}, \forall \, j \in \mathcal{M}, \forall \, s \in \mathcal{S} \quad (4b)$$

Nun muss garantiert werden, dass jedes Team genau ein Mal gegen jedes andere Team seiner Gruppe spielt, also entweder zu Hause oder auswärts, und dass in jeder Staffel ein zulässiger SRRT-Spielplan mit 153 Partien (vgl. Bemerkung 2.4) erstellt werden kann:

Da der Spielplan als SRRT konstruiert wird, muss in dieser Modellierung nicht jede Mannschaft ein Mal Heimrecht gegen jede andere Mannschaft seiner Liga haben. Es genügt, wenn
eines der beiden möglichen Spiele zwischen je zwei Teams einer Staffel ausgetragen wird
(angelehnt an [BRI08, S.7]):

$$\sum_{s=1}^{17}\sum_{k=1}^{5}\left(y(k,i,j,s)+y(k,j,i,s)\right) \leq 1 \quad \forall\, i \in \mathcal{M}, \forall\, j \in \mathcal{M} \quad (5)$$

Durch diese Restriktion soll verhindert werden, dass in einem SRRT eine Mannschaft
zweimal gegen die gleiche Mannschaft spielt, denn Team $i \in \mathcal{M}$ soll, wenn überhaupt, nur
entweder daheim oder auswärts gegen Team $j \in \mathcal{M}$ spielen. Dadurch, dass diese Restriktion
eine Ungleichung ist, wird erreicht, dass keine Spiele zwischen Teams unterschiedlicher
Staffeln ausgetragen werden müssen. Jedes Spiel findet demnach höchstens ein Mal statt.

Jede Mannschaft muss nun an jedem Spieltag genau ein Mal spielen (angelehnt an: [BRI08,
S.7]):

$$\sum_{k=1}^{5}\sum_{j=1}^{90}\left(y(k,i,j,s)+y(k,j,i,s)\right) = 1 \quad \forall\, i \in \mathcal{M}, \forall\, s \in \mathcal{S} \quad (6)$$

Nun muss noch entschieden werden, welche Spiele an den beiden Spieltagen (2 und 6) unter
der Woche in Betracht kommen. Sie hierzu $t_{i,j} \in \mathbb{N}$ die Fahrtzeit zwischen Spielort $i \in \mathcal{M}$
und Spielort $j \in \mathcal{M}$:

$$t_{i,j} \cdot y(k,i,j,2) \leq 60 \quad \forall\, k \in \mathcal{G}, \forall\, i \in \mathcal{M}, \forall\, j \in \mathcal{M} \quad (7)$$

$$t_{i,j} \cdot y(k,i,j,6) \leq 60 \quad \forall\, k \in \mathcal{G}, \forall\, i \in \mathcal{M}, \forall\, j \in \mathcal{M} \quad (8)$$

Die Heim- und Auswärtsspiele der Mannschaften sollen sich möglichst oft abwechseln (vgl.
[DFB11 (1)]). Dies ist für die meisten Zuschauer am angenehmsten, denn alle zwei Wochen
ein Heimspiel zu sehen, ist attraktiver als mehrere Wochenenden in Folge ein Heimspiel zu
haben und dann wochenlang nur auswärts antreten zu müssen. Deshalb soll auch kein Team
mehr als zwei aufeinanderfolgende Heim- oder Auswärtsspiele bestreiten. Dies erreicht man
durch eine Minimierung der Breaks (vgl. [BAR01, S.15]), auf die in Abschnitt 6 ausführlich

eingegangen wird. Dazu wird eine binäre Breakvariablen eingeführt (angelehnt an [KNU09, S.2938]):

$$b(k,i,s) = \begin{cases} 1 & \text{falls Mannschaft } i \in \mathcal{M} \text{ in Staffel } k \in \mathcal{G} \\ & \text{an Spieltag } s \in \mathcal{S} \text{ ein Break hat} \\ 0 & \text{sonst} \end{cases}$$

Eine Mannschaft kann in einer Staffel nur ein Break haben, wenn sie auch in dieser Staffel spielt:

$$b(k,i,s) \leq x(k,i) \quad \forall\, k \in \mathcal{G}, \forall\, i \in \mathcal{M}, \forall s \in \mathcal{S} \quad (9)$$

Ein Heimbreak liegt vor wenn eine Mannschaft zwei Spiele in Folge zu Hause austrägt (angelehnt an [KNU09, S.2938]):

$$\sum_{j=1}^{90} \big(y(k,i,j,s-1) + y(k,i,j,s) \big) - b(k,i,s) \leq 1 \quad \forall\, k \in \mathcal{G}, \forall\, i \in \mathcal{M}, \forall\, s \in \mathcal{S}^{\geq 2} \quad (10)$$

Eine Mannschaft hat ein Auswärtsbreak, wenn sie zwei Spieltage nacheinander auswärts antreten muss (angelehnt an [KNU09, S.2938]):

$$\sum_{j=1}^{90} \big(y(k,j,i,s-1) + y(k,j,i,s) \big) - b(k,i,s) \leq 1 \quad \forall\, k \in \mathcal{G}, \forall\, i \in \mathcal{M}, \forall\, s \in \mathcal{S}^{\geq 2} \quad (11)$$

Insgesamt soll es in einem SRRT die minimale Anzahl an Breaks geben. In einer Liga mit 18 Teams sind dies 16 Stück[4]. Jede Staffel soll also einen Spielplan mit 16 Breaks erhalten (angelehnt an [KNU09, S.2938]):

$$\sum_{i=1}^{90} \sum_{s=1}^{17} b(k,i,s) = 16 \quad \forall\, k \in \mathcal{G} \quad (12)$$

---

[4] siehe Kapitel 6

Die Breaks sollen gleichmäßig auf die Teams verteilt werden. Dies bedeutet, dass jede Mannschaft in einem SRRT höchstens ein Break haben soll (angelehnt an [BAR01, S.56]):

$$\sum_{k=1}^{50}\sum_{s=1}^{17} b(k,i,s) \leq 1 \quad \forall\, i \in \mathcal{M} \quad (13)$$

Am ersten Spieltag kann es noch kein Break geben, da zuvor noch kein Spiel ausgetragen wurde (angelehnt an [KNU09, S.2938]):

$$b(k,i,1) = 0 \quad \forall\, k \in \mathcal{G}, \forall\, i \in \mathcal{M} \quad (14)$$

Am zweiten Spieltag darf es noch kein Break geben, da sonst ein Team an den Spieltagen 17 bis 19 drei Mal in Folge zu Hause bzw. auswärts spielen würde, sofern dieses Team kein weiteres Break in der Hinrunde hat (vgl. [BAR01, S.26]). Davon darf auch ausgegangen werden, da jedes Team maximal ein Break pro SRRT haben soll. Angemerkt sei, dass Spieltag 18 und 19 schon zur Rückrunde gehören. Dargestellt wird dies in Abbildung 12.

$$b(k,i,2) = 0 \quad \forall\, k \in \mathcal{G}, \forall\, i \in \mathcal{M} \quad (15)$$

Spieltag	1	2	3	4	5	6	7	8	9
Spielort	H	H	A	H	A	H	A	H	A

10	11	12	13	14	15	16	17	18	19
H	A	H	A	H	A	H	A	A	A

Abbildung 12: Heimbreak an Spieltag 2 (Staffel mit 18 Teams, eigene Darstellung)

Es soll auch am letzten Spieltag der Saison kein Break mehr geben, denn es wäre ein Vorteil für ein Team in der Endphase der Saison zwei Mal nacheinander zu Hause zu spielen. Ebenso wäre es ein Nachteil zwei Spiele in Folge auswärts absolvieren zu müssen. Dies erreicht man, in dem man schon in der Hinrunde, die das SRRT wiederspiegelt, ein Break an Spieltag 17 verbietet (vgl. [BAR01, S.26]):

$$b(k,i,17) = 0 \quad \forall\, k \in \mathcal{G}, \forall\, i \in \mathcal{M} \quad (16)$$

Die Zielfunktion soll die Fahrtstrecken über die ganze Saison in allen Staffeln minimieren. Sei hierzu $c_{ij} \in \mathbb{Q}^+$ die Fahrtstrecke zwischen Spielort $i \in \mathcal{M}$ und Spielort $j \in \mathcal{M}$ (angelehnt an [MIT03, S.687] & [BRI08, S.13ff.]):

$$\min \sum_{k=1}^{5} \sum_{i=1}^{90} \sum_{j=1}^{90} \sum_{s=1}^{17} c_{ij} \cdot y(k,i,j,s)$$

Als Alternative zu dieser Zielfunktion könnte man die Fahrtstrecken durch die Fahrtzeiten $t_{ij} \in \mathbb{N}$ $(i, j \in \mathcal{M})$ ersetzen (vgl. [MIT03, S.687] & [BRI08, S.13ff.]):

$$\min \sum_{k=1}^{5} \sum_{i=1}^{90} \sum_{j=1}^{90} \sum_{s=1}^{17} t_{ij} \cdot y(k,i,j,s)$$

Für die Variablen x, y und b gilt:

$$x \in \{0,1\}^{|\mathcal{G}| \times |\mathcal{M}|}$$
$$y \in \{0,1\}^{|\mathcal{G}| \times |\mathcal{M}| \times |\mathcal{M}| \times |\mathcal{S}|}$$
$$b \in \{0,1\}^{|\mathcal{G}| \times |\mathcal{M}| \times |\mathcal{S}|}$$

Im Folgenden soll die Anzahl der Variablen dieses Modells ermittelt werden. Dazu wird die Anzahl der $x-$, der $y-$ und der $b-$ Variablen zunächst einzeln bestimmt:

$$\# x - \text{Variablen: } 5 \cdot 90 = 450$$
$$\# y - \text{Variablen: } 5 \cdot 90 \cdot 90 \cdot 17 = 688500$$
$$\# b - \text{Variablen: } 5 \cdot 90 \cdot 17 = 7650$$

Bemerkung 4.1: Einige dieser 696600 Variablen werden schon durch Nebenbedingungen fixiert, so dass für diese keine „echte" $0 - 1 -$Entscheidung mehr getroffen werden muss. Nebenbedingung (3) setzt insgesamt $5 \cdot 90 \cdot 17 = 7650$ $y-$Variablen auf 0. (7) und (8) sorgen dafür, dass jeweils zusätzlich $5 \cdot 90 \cdot 90 - 5 \cdot 90 - 5 \cdot 1272 = 33690$ $y-$Variablen auf 0 gesetzt werden. Diese Zahl bedarf einer kurzen Erläuterung. Das erste Produkt gibt die Anzahl der möglichen Spiele für einen Spieltag an. Jede der 90 Mannschaften kann theoretisch gegen jede andere in jeder der 5 Staffeln spielen. Es darf keine Mannschaft gegen sich selbst spielen. Dies wurde bereits in (3) gefordert. Deshalb müssen die bereits in (3) auf 0 fixierten Variablen abgezogen werden. Schließlich sind überhaupt nur 1272 verschiedene Begegnungen an jedem der beiden Spieltage unter der Woche erlaubt, denn bei den übrigen Begegnungen hätte die Gastmannschaft eine Fahrtzeit von mehr als 60 Minuten. Je nach Einteilung können diese Spiele in jeder der 5 Gruppen stattfinden.

Schließlich folgt aus (14), (15) und (16) noch, dass von vorne herein (zusammen) $3 \cdot 5 \cdot 90 = 1350$ $b -$ Variablen 0 sind. Insgesamt enthält das oben dargestellte binäre Programm $450 + 688500 + 7650 - 7650 - 33690 - 33690 - 1350 = 620220$ noch nicht fixierte, binäre Variablen.

Die folgende Tabelle soll noch eine Aussage über die Anzahl der Nebenbedingungen treffen:

Nummer der Nebenbedingung	Anzahl der Restriktionen
(1)	5
(2)	90
(3)	$5 \cdot 90 \cdot 17 = 7650$
(4a)	$5 \cdot 90 \cdot 90 \cdot 17 = 688500$
(4b)	$5 \cdot 90 \cdot 90 \cdot 17 = 688500$
(5)	$90 \cdot 90 = 8100$
(6)	$90 \cdot 17 = 1530$
(7)	$5 \cdot 90 \cdot 90 = 40500$
(8)	$5 \cdot 90 \cdot 90 = 40500$
(9)	$5 \cdot 90 \cdot 17 = 7650$
(10)	$5 \cdot 90 \cdot 16 = 7200$
(11)	$5 \cdot 90 \cdot 16 = 7200$
(12)	5
(13)	90
(14)	$5 \cdot 90 = 450$
(15)	$5 \cdot 90 = 450$
(16)	$5 \cdot 90 = 450$

Abbildung 13: Nebenbedingungen des Modells aus Kapitel 4 (eigene Darstellung)

Bemerkung 4.2: Zusammen sind dies exakt 1498870 Nebenbedingungen ($x \in \{0,1\}^{|\mathcal{G}| \times |\mathcal{M}|}$, $y \in \{0,1\}^{|\mathcal{G}| \times |\mathcal{M}| \times |\mathcal{M}| \times |\mathcal{S}|}$, $b \in \{0,1\}^{|\mathcal{G}| \times |\mathcal{M}| \times |\mathcal{S}|}$ nicht eingerechnet), von denen einige entweder nur Variablen fixieren (siehe Bemerkung 4.1) bzw. nach der Fixierung von

Variablen durch andere Nebenbedingungen keine wirkliche Restriktion mehr darstellen. Ein Beispiel hierfür ist der Teil der Restriktionen von (4a) und (4b) bei dem die y −Variable durch eine andere Nebenbedingung, wie (8) oder (9), schon zu 0 erklärt wurde. Die Optimierungssoftware Gurobi entfernt diese im Schritt „*Presolve*" genauso aus dem Modell wie redundante Nebenbedingungen. Beispielsweise ist ein Teil der Nebenbedingungen von (5) redundant:

Beispiel 4.3: Sei $i = 7$ und $j = 13$ dann liefert (5):

$$\sum_{k=1}^{5}\sum_{s=1}^{17}((y(k,7,13,s) + y(k,13,7,s)) \leq 1$$

Sei andererseits $i = 13$ und $j = 7$ dann ergibt sich aus (5):

$$\sum_{k=1}^{5}\sum_{s=1}^{17}((y(k,13,7,s) + y(k,7,13,s)) \leq 1$$

Diese beiden Nebenbedingungen sind gleich und demnach redundant. Es gilt sogar für alle Paare $(i,j) \in \mathcal{M} \times \mathcal{M}$ $(i \neq j)$, dass in (5) zwei Mal die gleiche Nebenbedingung vorkommt.

Insgesamt können in diesem Modell 245505 Restriktionen entfernt werden.

```
gurobi> m=read('bigmod.lp')
Read LP format model from file bigmod.lp
Reading time = 9.68 seconds
(null): 1498870 rows, 696600 columns, 8219700 nonzeros
gurobi> m.optimize()
Optimize a model with 1498870 rows, 696600 columns and 8219700 nonzeros


Presolve time: 188.90s
Presolved: 1253365 rows, 620220 columns, 6626670 nonzeros
Variable types: 0 continuous, 620220 integer (620220 binary)
```

Abbildung 14: Teil der Ausgabe von Gurobi für das Modell aus Kapitel 4 (aus Gurobi)

Auf die Anwendung von Gurobi wird in Kapitel 5 noch eingegangen. In den Kapiteln 5 und 6 wird nicht mehr auf die Bestimmung der Anzahl der Variablen und der Nebenbedingungen eingegangen, denn dies wird, wie in Abbildung 14 zu sehen ist, von Gurobi schon im Lösungsprozess bestimmt.

Wie in Abschnitt 2.3 erläutert, ist das Lösen eines ganzzahligen linearen Programmes im Allgemeinen NP-schwer. Daher kann nicht davon ausgegangen werden, dass das oben dargestellte binäre Programm mit 620220 binären Variablen und 1253365 Nebenbedingungen in akzeptabler Laufzeit lösbar ist.

Bei genauerer Betrachtung der Modellierung stellt man fest, dass das Einteilungsproblem nahezu unabhängig vom Spielplanerstellungsproblem ist. Die einzige relevante Spieltagsbedingung bei der Staffeleinteilung ist, dass es zwei Spieltage geben muss, an denen keine Mannschaft länger als eine Stunde zu fahren hat. Alle anderen Spieltage spielen für die Gruppenaufteilung keine Rolle. Daher wird in Kapitel 5 zunächst eine Staffeleinteilung bestimmt, welche alle relevanten Restriktionen erfüllt und die Summe der Fahrtstrecken (bzw. Fahrtzeiten) aller Teams im Laufe der Saison minimiert. Anschließend wird in Abschnitt 6 das Spielplanproblem für jede der fünf ermittelten Staffeln separat behandelt. Daraus ergibt sich der Vorteil, dass Zielfunktionen formuliert werden können, welche die Fairness eines Spielplans oder auch die Anzahl der erfüllten Wünsche der Vereine maximieren. Auch eine Fairness-Wunsch-Kombination als Zielfunktion ist hierbei denkbar. Das „große" Modell dieses Kapitels hingegen berücksichtigt weder Wünsche der Vereine noch die Fairness der Spielpläne.

Abbildung 15: Das weitere Vorgehen: Erst die Staffeleinteilung (Kapitel 5), dann die Spielpläne (Kapitel 6) (eigene Darstellung)

5 Die optimale Staffeleinteilung

5.1 Kapitelübersicht

Dieses Kapitel stellt einen zentralen Baustein dieser Arbeit dar. Aufgrund des Umfangs dieses Abschnittes soll im Vorfeld eine kurze Übersicht über den nachfolgenden Inhalt gegeben werden:

Begonnen wird mit einigen verwandten Problemen. Hierzu werden auch wissenschaftliche Ausarbeitungen und Ergebnisse vorgestellt. Diese Modellierungen und algorithmischen Verfahren werden aber nicht weiter verwendet, denn das Staffeleinteilungsproblem soll anhand einer eigenen Modellierung und Vorgehensweise mit Hilfe von Gurobi gelöst werden. In Paragraph 5.2 wird gezeigt, dass es für die gegebenen Daten (vgl. Kapitel 3) zum Gruppeneinteilungsproblem, wie es in Beispiel 2.30 ausgeführt wurde, eine zulässige Lösung gibt.

Das Vorgehen zur Bestimmung der optimalen Lösung wird im folgenden Teilabschnitt belichtet. Hierbei wird speziell auf den Einsatz des Computers und von Softwarepaketen wie Gurobi eingegangen.

Danach soll mit Hilfe einer Formulierung des Staffeleinteilungsproblems als binäres Programm eine optimale Lösung bestimmt werden. Dies scheitert allerdings zunächst aufgrund der Größe des Programms und der damit verbundenen Laufzeit des Rechners.

Schließlich werden drei mögliche Auswege mit ihren Stärken und Schwächen präsentiert. Dabei werden die Ergebnisse sorgfältig aufbereitet und dargestellt sowie mit der Einteilung des Bayerischen Fussball-Verbandes verglichen. Zusätzlich wird eine Einteilung ohne Berücksichtigung der Wochentagsrestriktionen bestimmt, welche die Fahrtstrecken minimiert. Bis zu diesem Zeitpunkt sollte die Zielfunktion stets die Summe der Fahrtstrecken aller Teams im Verlaufe der Saison minimieren. Als Abschluss des fünften Kapitels wird überprüft, was geschieht, wenn anstatt der Fahrtstrecken die Fahrtzeiten zu minimieren sind. Auch hierzu werden durchaus interessante Resultate vorgestellt und der Einteilung des BFV gegenübergestellt. Darüber hinaus wird ebenfalls eine Einteilung ohne Berücksichtigung der Wochentagsrestriktionen ermittelt, welche die Fahrtzeiten minimieren soll.

5.2 Literaturüberblick

5.2.1 Verwandte Probleme

Die Problemstellung dieser Ausarbeitung wurde in 1.2 beschrieben, in Beispiel 2.30 und 2.32 spezifiziert und in Kapitel 4 als ein binäres Programm formuliert. In diesem Abschnitt soll nun ein Überblick über Probleme gegeben werden, die ähnlich zum Problem **(KWAYRES)** sind. Zudem wird eine Abgrenzung zur Aufgabenstellung dieser Arbeit getroffen.

Das k **−way equipartition Problem** teilt die Knoten eines Graphen in $k \in \mathbb{N}^{>1}$ gleich große Menge auf und wird in Problem 5.1 spezifiziert:

Problem 5.1: Sei $G = (V, E)$ ein vollständiger Graph mit $|V| = k \cdot S$ Knoten. Die Abbildung $c : E \longrightarrow \mathbb{Q}$ ordnet jeder Kante $e \in E$ ein Gewicht c_e zu. Gesucht ist eine Partition der Knotenmenge V in $k \in \mathbb{N}^{>1}$ gleich große, paarweise disjunkte Mengen:

$$\Psi = \{P_1, \dots, P_k\} \ \text{ mit } |P_i| = S \ \ \forall i = 1, \dots, k$$

$$P_i \cap P_j = \emptyset \ \ \forall i \in \{1, \dots, k\}, \forall j \in \{1, \dots, k\} \ (i \neq j)$$

Die von $P_i \in \Psi$ induzierten Graphen sind für alle $i = 1, \dots, k$ Cliquen. Dabei bezeichnet P_i die Knotenmenge der jeweiligen Clique und $E(P_i)$ die Menge der Kanten, deren beiden Endknoten in P_i liegen.

$$G_i\big(P_i, E(P_i)\big) \text{ ist eine Clique } \forall i = 1, \dots, k$$

Minimiert werden soll die Summe der Kantengewichte, für alle Kanten, deren inzidente Knoten in der selben Clique liegen (vgl. [MIT05(1), S.1f.]):

$$\min \sum_{e \in A} c_e$$

mit

$$A = \bigcup_{i=1}^{k} \{ (u,v) \mid u, v \in P_i, u \neq v \}$$

Dies führt zur Formulierung eines binären Programms. Sei hierzu

42

$$x_e = \begin{cases} 1 & \text{falls } e = (u,v) \text{ mit } u \in V \text{ und } v \in V \ (u \neq v) \text{ in der gleichen Menge } P_i \\ 0 & \text{sonst} \end{cases}$$

die binäre Variable, die beschreibt ob zwei Knoten der selben Menge P_i ($i \in \{1, \dots, k\}$) zugeteilt sind.

$$\min \sum_{e \in E} c_e x_e$$

$$\text{s.t. } \sum_{e \in \delta(v)} x_e = S - 1 \quad \forall\, v \in V \quad (1)$$

$$x \text{ ist Inzidenzvektor eines Clusterings} \quad (2)$$

Hierbei fordert (1), dass in einer zulässigen Lösung jeder Knoten $v \in V$ mit $S - 1$ anderen Knoten verbunden ist. Dies sind genau die Knoten, die mit v zusammen in einem Cluster liegen (vgl. [MIT03, S.687]). Eine exakte Formulierung von (2) als Restriktion liefern die Dreiecksungleichungen (vgl. [GRÖ88] & [GRÖ89]):

$$-x_{uv} + x_{ul} + x_{vl} \leq 1 \quad \forall\, 1 \leq u < v < l \leq |V| \quad (3)$$

$$x_{uv} - x_{ul} + x_{vl} \leq 1 \quad \forall\, 1 \leq u < v < l \leq |V| \quad (4)$$

$$x_{uv} + x_{ul} - x_{vl} \leq 1 \quad \forall\, 1 \leq u < v < l \leq |V| \quad (5)$$

$$x_{uv} \in \{0,1\} \quad \forall\, 1 \leq u < v \leq |V|$$

Die Interpretation der Dreiecksungleichungen für das k −way Equipartition Problem bezogen auf die Staffeleinteilung lautet wie folgt: Man betrachte (3). Ist Mannschaft u gemeinsam mit Mannschaft v in einer Staffel, so ist $x_{uv} = 1$. Ist zusätzlich Mannschaft l in der gleichen Staffel wie Team u, so muss l auch in der selben Staffel spielen wie v. Daher muss in diesem Fall gelten:

$$x_{ul} = x_{vl} = 1$$

Sind andererseits u und v verschiedenen Staffeln zugeteilt, so kann l nicht mit beiden zusammen in einer Staffel sein. Demnach gilt:

$$x_{uv} = 0 \text{ und } x_{ul} + x_{vl} \leq 1$$

Die Bedeutungen für (4) bzw. für (5) sind analog (vgl. [MIT02, S.7]).

Bemerkung 5.2: Für $k = 2$ spricht man vom **Equipartition Problem** (vgl. [MIT02, S.5]).

Satz 5.3: Das k −way Equipartition Problem ist NP-schwer, falls $S \geq 3$ (vgl. [MIT02, S.5] & [GAR79, S.193ff.] & [SOU93, S.15ff.]). Für den Fall $S = 2$ liegt ein Matching Problem vor, welches in polynomieller Laufzeit lösbar ist (vgl. [MIT02, S.5]).

Angewandt wurde das obige binäre Programm, um zu testen ob die Gruppeneinteilung der NFL (professionelle American Football Liga in den USA) die Fahrtstrecken in den einzelnen Staffeln minimiert. Dabei wurde jedes Team als ein Knoten und die Strecke zwischen je zwei Teams als gewichtete Kante modelliert. Zulässig ist jede Einteilung, die jeder der 8 Divisionen genau 4 Teams zuordnet. Gesucht wird das Assignment, welches die gesamten intradivisionalen Reisedistanzen minimiert (vgl. [MIT02, S.3]).

Angemerkt sei, dass die NFL mit 32 Teams, die in 8 Divisionen zu je 4 Teams aufgeteilt sind, spielt. In dieser Arbeit sollen 90 Teams auf 5 Staffeln aufgeteilt werden. Zusätzlich dazu, dass das hier zu behandelnde Problem deutlich mehr Variablen hat, als das NFL-Problem, muss die Einteilung auch noch die Wochentagsbedingungen erfüllen. Diese Restriktion ist in der NFL völlig unnötig, da dort nur Profisportler aktiv sind (vgl. [MIT02, S.1]).

Nun spielt die NFL erst seit der Aufnahme einer Mannschaft aus Houston in die Liga (2002) mit 32 Teams. Zuvor war es nicht möglich 31 Teams in 8 gleich große Divisionen aufzuteilen. Dies führt zu dem etwas allgemeineren **Clique Partitioning Problem mit Größenbeschränkung (CPPMINMAX):**

Problem 5.4: Sei $G = (V, E)$ ein vollständiger Graph und sei $S \in \mathbb{N}$. Die Abbildung $c : E \rightarrow \mathbb{Q}$ ordnet jeder Kante $e \in E$ ein Gewicht c_e zu. Gesucht ist eine Partition der Knotenmenge V in $k \in \mathbb{N}^{>1}$ paarweise disjunkte Mengen

$$\Psi = \{P_1, \dots, P_k\}$$

$$P_i \cap P_j = \emptyset \quad \forall\, i \in \{1, \dots, k\}, \forall\, j \in \{1, \dots, k\}\ (i \neq j)$$

wobei jede der Mengen $P_i \in \Psi$ mindestens S Knoten, aber höchstens $S + 1$ Knoten enthält und eine Clique induziert:

$$|P_i| \geq S \quad \forall\, i = 1, \dots, k$$

$$|P_i| \leq S + 1 \quad \forall\, i = 1, \dots, k$$

$$G\big(P_i, E(P_i)\big) \text{ ist eine Clique } \forall\, i = 1, \dots, k$$

Minimiert werden soll hier ebenfalls die Summe der Kantengewichte, für alle Kanten, deren inzidente Knoten der selben Clique zugeteilt sind:

$$\min \sum_{e \in A} c_e$$

mit

$$A = \bigcup_{i=1}^{k} \{\, (u, v) \mid u, v \in P_i, u \neq v \,\}$$

Zur Formulierung eines binären Programms wird erneut eine binäre Variable definiert:

$$x_e = \begin{cases} 1 & \text{falls } e = (u, v) \text{ mit } u \in V \text{ und } v \in V \ (u \neq v) \text{ in der gleichen Menge } P_i \\ 0 & \text{sonst} \end{cases}$$

Das folgende binäre Programm beschreibt das Clique Partition Problem mit Größenbeschränkung

$$\min \sum_{e \in E} c_e x_e$$

$$\text{s.t.} \quad S \geq \sum_{e \in \delta(v)} x_e \geq S - 1 \quad \forall\, v \in V \quad (1)$$

$$x \text{ ist Inzidenzvektor eines Clusterings} \quad (2)$$

(1) besagt, dass jeder Knoten $v \in V$ in einer zulässigen Lösung zu mindestens $S - 1$ Knoten, aber höchstens S Knoten adjazent ist. Auf (2) wurde weiter oben bereits ausführlich eingegangen (vgl. [MIT05, S.1ff.] & [MIT07, S.87ff.]).

Für die Einteilung von Sportligen ist eine solche Modellierung sinnvoll, wenn die Anzahl der Mannschaften nicht gleichmäßig auf die Staffeln aufgeteilt werden kann. Für die NFL (vor 2002) impliziert dies, dass sieben Divisionen mit vier Teams und eine Division mit drei

Teams zur Partition der 31 Mannschaften in 8 Divisionen nötig gewesen wären. In Wirklichkeit wurden allerdings 6 Divisionen (fünf davon mit 6 Teams und eine mit 5 Teams) eingeteilt (vgl. [NFL14 (1)]). Das Problem (CPPMINMAX) ist für die Spielzeit 2013/2014 für Landesliga Bayern nicht relevant, da 90 Vereine in 5 Staffeln zu genau 18 Teams eingeteilt werden können. Jedoch könnte sich die Anzahl der Klubs in den nächsten Jahren durch diverse Auf- und Abstiegsszenarien verändern, so dass auch (CPPMINMAX) in Zukunft noch von Bedeutung sein könnte.

Bemerkung 5.5: Für $N \in \mathbb{N}$ Mannschaften, die in $k \in \mathbb{N}$ Staffeln einzuteilen sind, ist $S \in \mathbb{N}$ für den Fall, dass $k \nmid N$, wie folgt zu wählen (vgl. [MIT07, S.88]):

$$S = \text{floor} \left(\frac{N}{k} \right)$$

Etwas allgemeiner wird das **Clique Partitioning Problem (CPP)** von Grötschel und Wakabayashi beschrieben (vgl. [GRÖ88]). Zur Vollständigkeit soll dieses kurz erläutert werden:

Problem 5.6 (vgl. [GRÖ88, S.367])*:* Eine Teilmenge A der Kantenmenge eines vollständigen Graphen $G = (V, E)$ heißt Partition in Cliquen, falls es eine Partition der Knotenmenge in eine *nicht feste* Anzahl $k \in \mathbb{N}^{>1}$ paarweise disjunkter Mengen P_i ($i \in \{1, \dots, k\}$) gibt

$$\Psi = \{P_1, \dots, P_k\}$$

$$P_i \cap P_j = \emptyset \quad \forall \, i \in \{1, \dots, k\}, \forall \, j \in \{1, \dots, k\} \, (i \neq j)$$

und jede Menge $P_i \in \Psi$ eine Clique induziert:

$$G\left(P_i, E(P_i)\right) \text{ ist eine Clique } \forall \, i = 1, \dots, k$$

Sei

$$A = \bigcup_{i-1}^{k} \{ (u, v) \mid u, v \in P_i, u \neq v \}$$

Ziel ist es auch hier, die Summe der Kantengewichte über alle Kanten aus A zu minimieren:

$$\min \sum_{e \in A} c_e$$

Satz 5.7: Das Clique Partitioning Problem ist NP-schwer (vgl. [WAK86] & [GAR79, S.193f.]).

Bemerkung 5.8: Das CPP kann auch für nicht vollständige Graphen formuliert werden, indem fehlende Kanten mit dem Gewicht $+\infty$ hinzugefügt werden (vgl. [AMO92, S.18]).

Das **Graph Partitioning Problem (GPP)** wurde bereits in Definition 2.26 vorgestellt. Auch dieses Problem ist NP-vollständig (vgl. [DIN01, S. 107]). Die nachfolgende Tabelle soll die vier soeben vorgestellten Probleme nochmals gegenüberstellen und abgrenzen.

	k − way Equipartition (∗)	CPPMINMAX	CPP	GPP
Input Graph	Vollständiger Graph mit n Knoten	Vollständiger Graph mit n Knoten	Vollständiger Graph mit n Knoten	Graph mit n Knoten
Zulässige Lösung	k paarweise disjunkte Mengen mit jeweils exakt $\frac{n}{k}$ Knoten, die Cliquen induzieren	k paarweise disjunkte Mengen mit floor $\left(\frac{n}{k}\right)$ oder floor $\left(\frac{n}{k}\right) + 1$ Knoten	Nicht fixierte Anzahl paarweise disjunkter Cliquen mit einer variablen Anzahl an Knoten	k paarweise disjunkte Teilmengen mit festgelegter, möglicherweise unterschiedlicher Größe
Spezialfall k −way Equipartition	Ist schon dieses Problem	Falls $k|n$ ist dieses Problem nicht nötig. Es wird statt dessen (∗) verwendet	Für eine Lösung mit k Cliquen gleicher Kardinalität ergibt sich (∗). Diese ist nicht notwendigerweise optimal für CPP	Falls alle Teilmengen gleich groß sein sollen liegt Graph Equipartition vor. Ist der Graph zudem vollständig, handelt es sich um (∗)

Abbildung 16: Problemabgrenzung (eigene Darstellung)

5.2.2 Algorithmisches Vorgehen und Ergebnisse

Zur Lösung des k −way Equipartition Problems schlug John E. Mitchell ein Branch-and-Cut Verfahren vor. Angewandt wurde dieser Algorithmus auf das binäre Programm aus Problem 5.1. Der vorgestellte Algorithmus fügt zu dieser IP-Formulierung, sofern nötig, schrittweise weitere, nützliche Schnittebenen hinzu (vgl. [MIT01, S.21ff.]). Exakte Erläuterungen zu den Schnittebenen finden sich in [GRÖ88], [GRÖ89], [MIT02], [MIT03], [MIT05 (1)] und [CHO93]. Näher soll hierauf an dieser Stelle nicht eingegangen werden, denn das von Mitchell vorgeschlagene Verfahren wird im Folgenden nicht weiter verwendet. Vielmehr werden eigene Verfahren zur Optimierung des gegebenen Einteilungsproblems vorgestellt.

Für die NFL ergab die Arbeit von Mitchell ein erstaunliches Ergebnis. Während bei der Einteilung von 32 Teams in 8 Staffeln durch die NFL intradivisionale Strecken von 50480 km zurückzulegen sind, ergibt sich, sofern keine weiteren Restriktionen betrachtet werden, ein mathematisches Minimum von 27957 km (vgl. [MIT02, S.19]). Bis heute wurde dieses optimale Assignment allerdings nie umgesetzt (vgl. [NFL14 (2)]).

5.3 Existenz einer zulässigen Lösung

Es gibt

$$\frac{1}{5!} \cdot \binom{90}{18} \cdot \binom{72}{18} \cdot \binom{54}{18} \cdot \binom{36}{18} \approx 1.15 \cdot 10^{57}$$

verschiedene Einteilungen von 90 Mannschaften in fünf Staffeln zu je 18 Teams. Man beachte hierbei, dass durch 5! geteilt wird, da die Anordnung der fünf Staffeln keine Rolle spielt (vgl. 5.5.1.1). Das es unter den $1{,}15 \cdot 10^{57}$ unterschiedlichen Gruppeneinteilungen eine einzige gibt, welche die Spieltagsbedingungen unter der Woche erfüllt, ist allerdings nicht unmittelbar klar. Somit kann nicht von vorne herein davon ausgegangen werden, dass das Problem **(KWAYRES)** überhaupt eine zulässige Lösung besitzt. Inhalt dieses Kapitels ist es daher, zu zeigen, dass das Problem **(KWAYRES)** für die Daten aus Kapitel 3 mindestens eine zulässige Lösung besitzt.

Bevor bewiesen werden kann, dass es eine zulässige Lösung gibt, muss noch einige Vorarbeit geleistet werden:

Definition 5.9: Ein Graph $G = (V, E)$ heißt r − **regulär**, falls alle Knoten $v \in V$ den Grad r haben (vgl. [AIG06, S.109]):

$$\deg(v) = r \quad \forall\, v \in V$$

Folgerung 5.10: Ein einfacher Kreis ist 2 − regulär, denn jeder Knoten des Kreises hat den Grad 2 (vgl. [AIG06, S.109]).

Definition 5.11: Ein ungerichteter Graph $G = (V, E)$ heißt **bipartit**, wenn sich die Knotenmenge V in zwei disjunkte Teilmengen V_1 und V_2 aufteilen lässt, so dass weder Knoten aus V_1 noch Knoten aus V_2 untereinander benachbart sind (vgl. [TUR85, S.22]).

Eine hilfreiche Aussage über eine charakteristische Eigenschaft eines bipartiten Graphen liefert das folgende Lemma.

Lemma 5.12: Ein ungerichteter Graph $G = (V, E)$ ist genau dann bipartit, wenn er keinen Kreis ungerader Länge (ungerade Anzahl an Knoten bzw. Kanten) besitzt (vgl. [KRU09, S.43]).

Auf den Beweis von Lemma 5.12 wird an dieser Stelle verzichtet, es sei allerdings auf [KRU09, S.43f.] verwiesen. Wir benötigen allerdings den folgenden Spezialfall eines bipartiten Graphen:

Folgerung 5.13: Ein einfacher Kreis gerader Länge (gerade Anzahl an Knoten bzw. Kanten) ist bipartit.

Begründung: Ein einfacher Kreis gerader Länge enthält keinen Kreis ungerader Länge. Daher ist ein einfacher Kreis gerader Länge nach Lemma 5.12 bipartit.

Veranschaulicht werden soll dies anhand von Abbildung 17. In dieser ist ein gerader Kreis und die Aufteilung der Knotenmenge des Kreises in zwei disjunkte Teilmengen V_1 und V_2 zu sehen, wobei innerhalb der Teilmengen keine Kanten verlaufen.

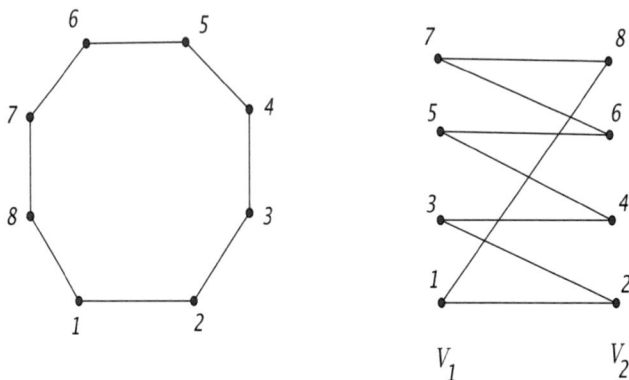

Abbildung 17: Kreis der Länge 8 (links) und dessen Darstellung als bipartiter Graph (rechts): Die Knotenmengen V_1 und V_2 erhält man beispielsweise, indem man die Knoten des Kreises abwechselnd den Mengen V_1 und V_2 zuordnet (eigene Darstellung mit GeoGebra)

Korollar 5.14: Sei $r \geq 1$ und $G = (V, E)$ ein ungerichteter r − regulärer bipartiter Graph. Dann besitzt der Graph G ein perfektes Matching (vgl. [KRU09, S.271]).

Den Beweis dieses Korollars findet man in [KRU09, S.271f.]. Wichtig ist Korollar 5.14 für den Beweis des folgenden Satzes:

Satz 5.15: „Sei $r \geq 1$ und $G = (V, E)$ ein ungerichteter r − regulärer bipartiter Graph. Dann lässt sich die Kantenmenge E des Graphen G in r disjunkte perfekte Matchings partitionieren ([KRU09, S.272])".

Beweis: Die Aussage von Satz 5.15 soll per Induktion bewiesen werden. Für $r = 1$ ergibt sich die Behauptung unmittelbar aus Korollar 5.14. Ist $r > 1$, so existiert ebenfalls nach Korollar 5.14 ein perfektes Matching M auf dem Graphen G. Entfernt man die Kanten des Matchings M aus G, so erhält man den Graphen $G − M$, welcher $(r − 1)$ − regulär ist. Nach Induktionsvoraussetzung lässt sich dieser in $r − 1$ Matchings partitionieren (vgl. [KRU09, S.272]). ∎

Folgerung 5.16: Jeder einfache Kreis gerader Länge enthält zwei disjunkte perfekte Matchings.

Beweis: Sei C ein einfacher Kreis gerader Länge. Nach Folgerung 5.10 ist jeder Kreis $2-$ regulär. Nach Folgerung 5.13 ist jeder Kreis gerader Länge bipartit. Daher sind die notwendigen Voraussetzungen von Satz 5.15 erfüllt. Deshalb lässt sich nach Satz 5.15 die Kantenmenge E des einfachen geraden Kreises C in zwei disjunkte perfekte Matchings ren. ∎

Damit sind die notwendigen Grundlagen zum Beweis des nachfolgenden Theorems 5.17 vorhanden.

Theorem 5.17: Das Problem **(KWAYRES)** hat für die Daten der Spielzeit 2013/2014 eine zulässige Lösung.

Beweis: Eine zulässige Lösung ist eine Staffeleinteilung, die garantiert, dass keine Mannschaft unter der Woche länger als eine Stunde fahren muss. Es muss demnach 2 Spieltage geben, an denen jedes Team einen Gegner hat, der in maximal 60 Minuten erreichbar ist. Wie bereits erwähnt kann jedes der 90 Teams jedes andere erreichen. Identifiziert man nun die 90 Mannschaften mit jeweils einem Knoten und die Fahrtstrecke zwischen je zwei Teams mit einer Kante, so erhält man den vollständigen Graphen $K_{90} = (V_{90}, E_{90})$. Der Graph

$$H = (V_H, E_H)$$

wird nun wie folgt konstruiert: Man gewichtet zunächst die Kanten E_{90} des Graphen K_{90} mit den Fahrtzeiten zwischen den jeweiligen Knoten (Daten für die Saison 2013/14). Beispielsweise dauert die Fahrt zwischen Frammersbach (Knoten 1) und Kahl (Knoten 2) 56 Minuten. Deshalb bekommt die Kante $1-2$ das Gewicht $c_{1-2} = 56$. Anschließend entfernt man aus dem nun gewichteten Graphen K_{90} alle Kanten, welche ein Gewicht über 60 haben. Man erhält daher:

$$V_H = V_{90}$$

und

$$E_H = E_{90}|_{\text{Kantengewicht maximal 60}}$$

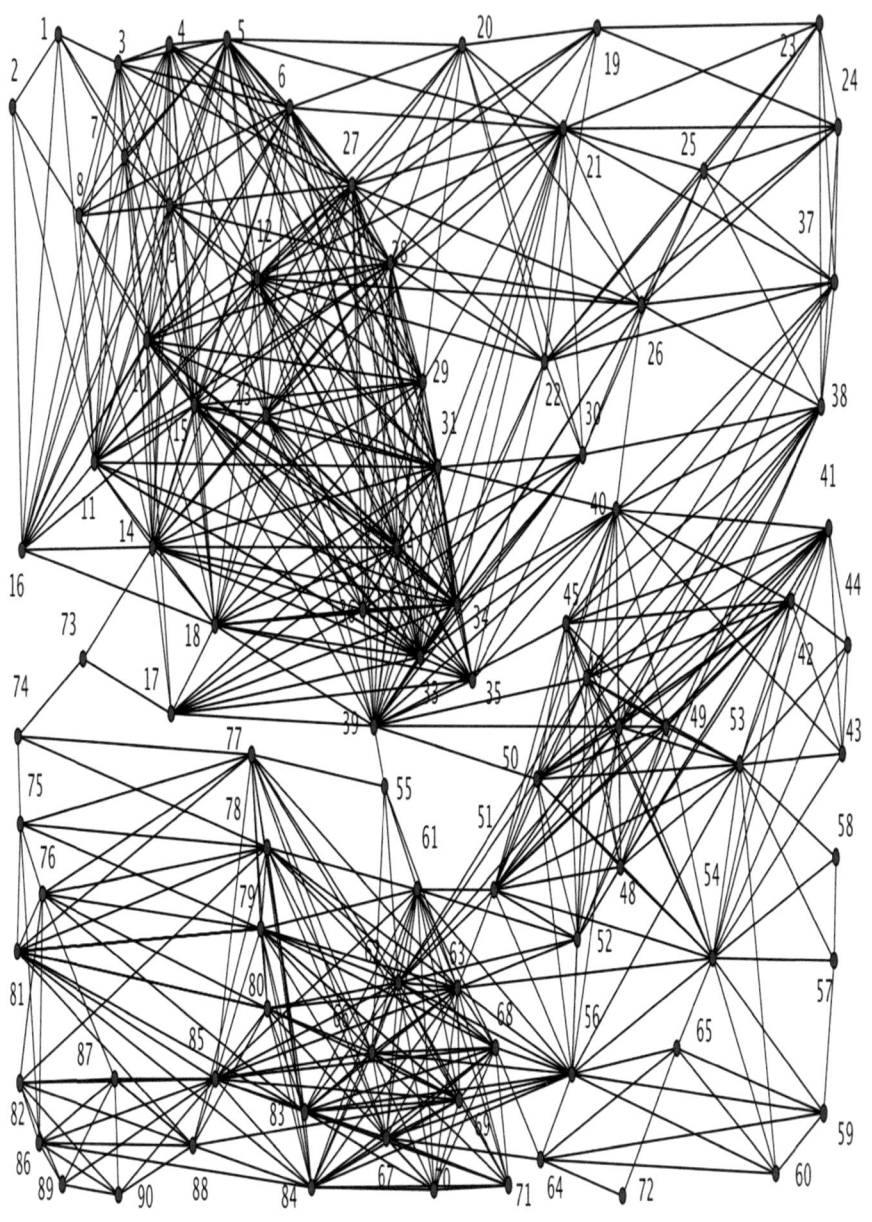

Abbildung 18: Der K_{90} eingeschränkt auf Kanten e mit einer Kapazität $c_e \leq 60$ (Daten der Spielzeit 2013/14): Auf die Angabe der Kantengewichte wurde verzichtet (eigene Darstellung mit GeoGebra)

Der entstehende Graph H mit Fahrtzeiten von höchstens einer Stunde für die Daten der Spielzeit 2013/2014 ist in Abbildung 18 dargestellt. Nicht zu verwechseln ist der Graph H mit dem Graphen $G^*|_{(V,E_{60})}$ aus Beispiel 2.30. Der Unterschied zwischen den beiden liegt darin, dass im Graphen H alle Kanten des vollständigen Graphen K_{90} mit den jeweiligen Fahrtstrecken gewichtet werden und anschließend alle Kanten e mit $c_e > 60$ entfernt werden. Der Graph G^* aus 2.29 besteht dagegen nur aus fünf paarweise disjunkten Cliquen der Kardinalität 18. Hier verlaufen die Kanten nur innerhalb der jeweiligen Cliquen. In $G^*|_{(V,E_{60})}$ werden ebenfalls alle Kanten (die nur innerhalb der Cliquen verlaufen) gewichtet und schließlich die Kanten e mit $c_e > 60$ entfernt.

Nach Folgerung 5.16 enthält jeder Kreis gerader Länge zwei disjunkte perfekte Matchings. In einer Staffel sind 18 Mannschaften. Kann man daher fünf paarweise disjunkte Kreise der Kardinalität 18 auf dem Graphen H finden (die Kreise sind Teilgraphen von H), so hat man eine Einteilung gefunden, welche alle notwendigen Bedingungen erfüllt, denn:

- Jeder Knoten v eines Kreises C_i ($i = 1, ..., 5$) stellt eine Mannschaft dar, die der Staffel i zugeteilt ist
- Somit sind in jeder Staffel 18 Mannschaften
- Jede Mannschaft ist genau einer Staffel zugeteilt
- Die Wochentagsbedingungen werden durch die beiden perfekten disjunkten Matchings auf jedem der Kreise erfüllt. Eine Kante bedeutet, dass die Teams, welche die Endknoten der Kante darstellen, gegeneinander antreten

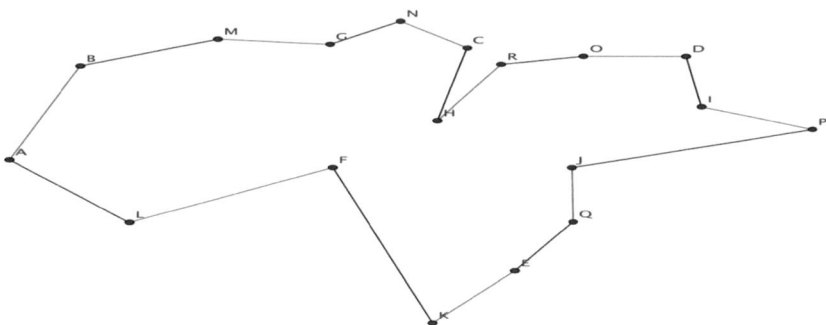

Abbildung 19: Die beiden disjunkten perfekten Matchings (rot und schwarz) auf dem Kreis geben die zwei verschiedenen Spieltage an (eigene Darstellung mit GeoGebra)

- Dadurch, dass die beiden Matchings auf jedem der Kreise disjunkt sind, wird in keiner Staffel zwei Mal die gleiche Begegnung angesetzt. Der eine Spieltag wird durch die roten Kanten gegeben, der Andere durch die schwarzen Kanten. Dies ist wichtig, da die beiden Spieltage unter der Woche in der Hinrunde stattfinden

Es ist an dieser Stelle nicht unbedingt notwendig, dass man nach Kreisen der Kardinalität 18 sucht. Stattdessen könnte man auch nach kürzeren geraden paarweise disjunkten Kreisen suchen, deren Kardinalität zusammen jeweils 18 beträgt, denn diese besitzen auch jeweils zwei disjunkte perfekte Matchings. Allerdings könnte dieses Vorgehen bei der späteren Spielplanerstellung zu Schwierigkeiten führen (vgl. Bemerkung 5.18), so dass zunächst nach fünf disjunkten Kreisen der Kardinalität 18 gesucht wird.

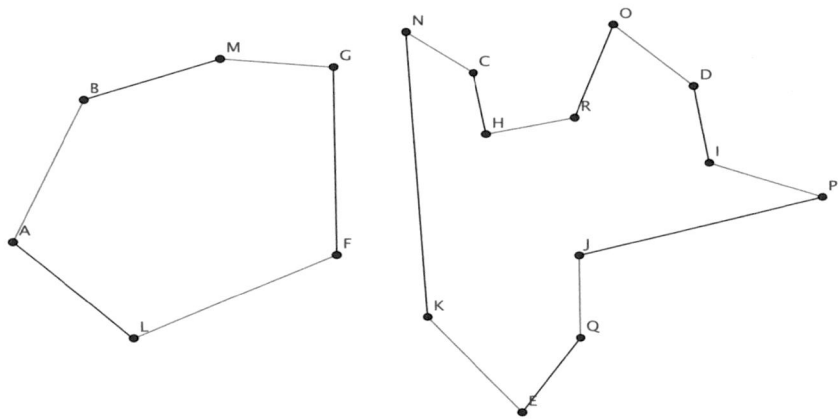

Abbildung 20: Ein Kreis der Länge 6 und ein Kreis der Länge 12 mit jeweils zwei disjunkten perfekten Matchings. Zusammen haben die beiden 18 Knoten (eigene Darstellung mit GeoGebra)

Eine heuristische Suche auf dem Graphen *H* liefert schnell die folgenden fünf paarweise disjunkten Kreise der Kardinalität 18, welche eine zulässige Staffeleinteilung für die Saison 2013/14 implizieren:

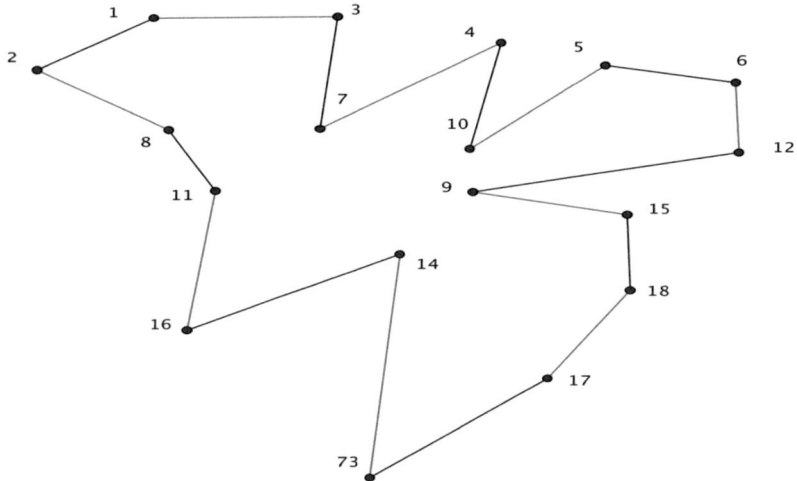

Abbildung 21: Kreis C_1 (Teilgraph von H) mit 2 disjunkten perfekten Matchings und 18 Knoten impliziert mögliche Staffel 1 (eigene Darstellung mit GeoGebra)

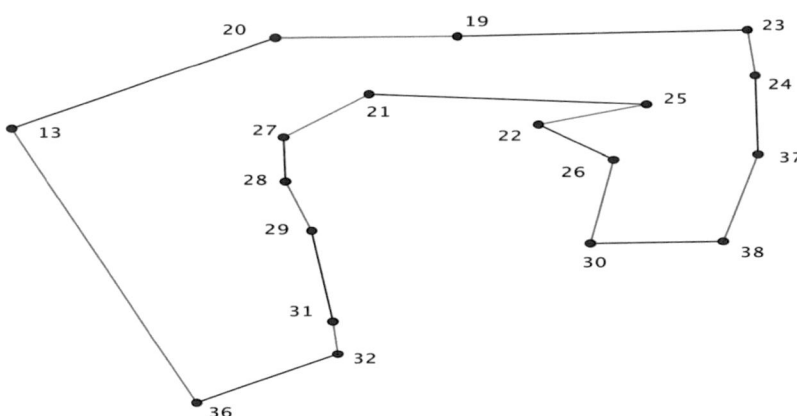

Abbildung 22: Kreis C_2 (Teilgraph von H) mit 2 disjunkten perfekten Matchings und 18 Knoten impliziert mögliche Staffel 2 (eigene Darstellung mit GeoGebra)

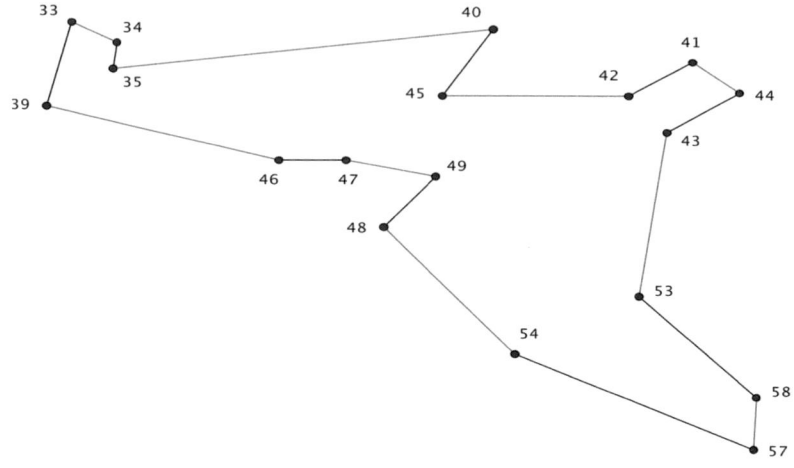

Abbildung 23: Kreis C_3 (Teilgraph von H) mit 2 disjunkten perfekten Matchings und 18 Knoten impliziert eine mögliche Staffel 3 (eigene Darstellung mit GeoGebra)

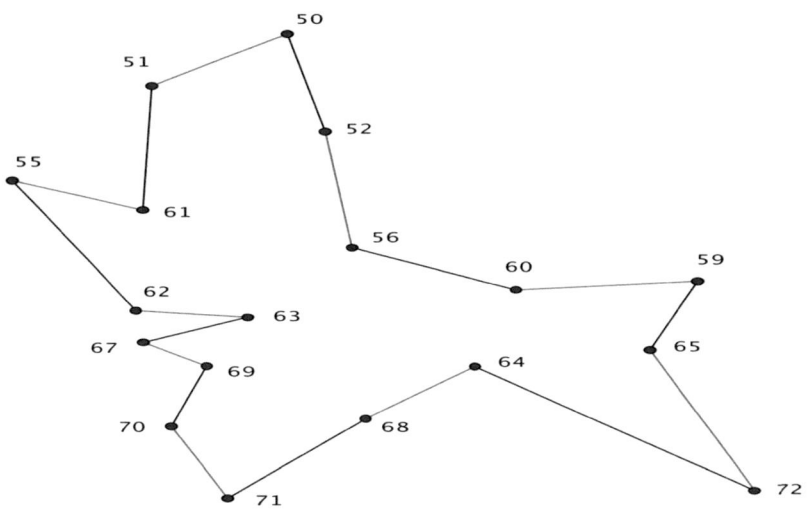

Abbildung 24: Kreis C_4 (Teilgraph von H) mit 2 disjunkten perfekten Matchings und 18 Knoten impliziert eine mögliche Staffel 4 (eigene Darstellung mit GeoGebra)

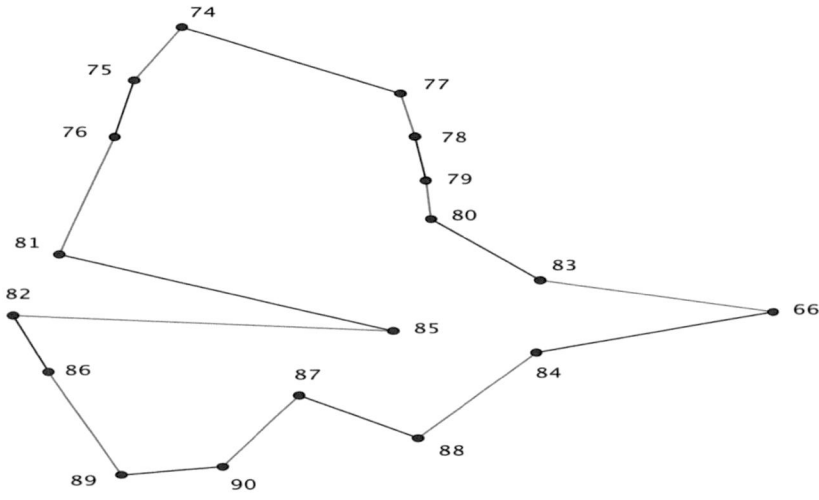

Abbildung 25: Kreis C_5 (Teilgraph von H) mit 2 disjunkten perfekten Matchings und 18 Knoten impliziert eine mögliche Staffel 5 (eigene Darstellung mit GeoGebra)

Damit ist bewiesen, dass das Problem **(KWAYRES)** in der Saison 2013/2014 zumindest eine zulässige Lösung besitzt. ∎

Bemerkung 5.18: Dass die beiden im Beweis konstruierten Spieltage in einem Spielplan im gespiegelten DRRT-Format mit minimaler Anzahl an Breaks auch in dieser Form austragbar sind, ist nicht unmittelbar klar. Das eine perfekte Matching gibt die Spiele an Spieltag 2 an, das Andere die Spiele des 6. Spieltags. Das Fixieren der Begegnungen des zweiten Spieltags hat keinen störenden Einfluss auf die Konzipierung eines gespiegelten DRRT mit minimaler Breakzahl (vgl. [ROS82, S.2ff.]). Aber auch das Fixieren des 6. Spieltags kann nicht verhindern, dass es einen zulässigen Spielplan gibt. Dies sieht man sofort bei Betrachtung von Abbildung 10, in der ein zulässiger Spielplan für 18 Mannschaften im gespiegelten DRRT-Format mit minimaler Breakzahl angegeben ist. Die Begegnungen des zweiten und des sechsten Spieltags bilden bei diesem Spielplan ebenfalls einen Kreis, sofern man ein Spiel durch eine Kante modelliert. Die Knoten der Kreise aus den Abbildungen 21 bis 25 müssen nur jeweils mit einem Knoten des aus Abbildung 10 entstehenden Kreises für die Spieltage 2 und 6 identifiziert werden, so dass die Kreisstruktur erhalten bleibt. Dieses Vorgehen soll in Abbildung 26 beispielhaft für Staffel 5 aus Abbildung 25 illustriert werden. Es ist problemlos auf die übrigen Abbildungen anwendbar.

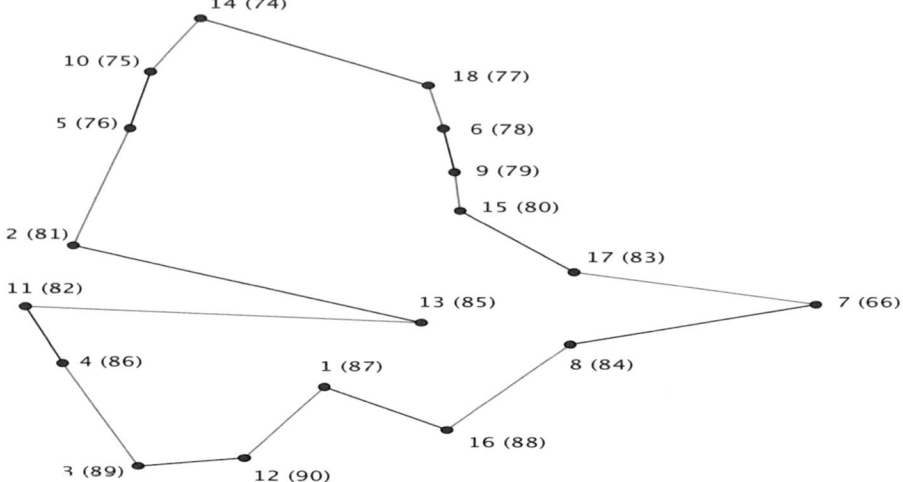

Abbildung 26: Der Kreis der Spieltage 2 und 6 aus Abbildung 10: Die erste Ziffer bezeichnet das jeweilige Team aus Abbildung 10. Die Ziffer in Klammern stellt die Identifizierung mit den Teams aus Abbildung 25 dar (eigene Darstellung mit GeoGebra)

Bemerkung 5.19: Die Verwendung des starren Spielplans aus Abbildung 10 war nur ein Hilfsmittel um zu zeigen, dass man für die konstruierte zulässige Einteilung von **(KWAYRES)** auch einen zulässigen Spielplan erstellen kann. In Kapitel 6 werden mit Hilfe von Methoden der diskreten Optimierung Spielpläne mit minimaler Breakzahl konzipiert, welche die beschränkten[5] Spieltage 2 und 6 enthalten und zudem noch bezüglich einer Zielfunktion optimal sind. Hier müssen die beiden Spieltage in den Staffeln nicht mehr zwangsläufig Kreise der Länge 18 ergeben. Man betrachte dazu beispielsweise den Spielplan der 1.Bundesliga in der Saison 2011/12. Hier ergeben sich bei der Modellierung der beiden Spieltage durch Kanten (für ein Spiel) und Knoten (für die beteiligten Teams) ein Kreis der Länge 8 und ein Kreis der Länge 10 (vgl. [BUN11]).

Folgerung 5.20: Aus der Existenz einer zulässigen Lösung für **(KWAYRES)** folgt, dass es für die Probleme **(KWAYRESDIS)** und **(KWAYRESTIM)** jeweils mindestens eine endliche Optimallösung gibt (vgl. [AIG06, S.302]).

---

[5] Beschränkt bedeutet hier, dass nicht mehr einzelne Spiele festgelegt werden, wie es bei den oben konstruierten Kreisen der Fall war. Vielmehr sind an den beiden Spieltagen für alle Mannschaften theoretisch alle Gegner in ihrer Staffel zulässig (sowohl daheim als auch auswärts), die binnen 60 Minuten erreichbar sind. Siehe hierzu Kapitel 6.

Man kann sogar mehr als nur die Endlichkeit der optimalen Lösung angeben. Bezeichne $d_{ij} \in \mathbb{Q}^+$ die Fahrstrecke zwischen Ort i und Ort j und $t_{ij} \in \mathbb{N}$ die Fahrtzeit zwischen den beiden Orten. Eine zulässige Lösung enthält 5 Cliquen der Größe 18. Insgesamt enthält demnach eine zulässige Lösung $5 \cdot \frac{18 \cdot (18-1)}{2} = 765$ Kanten. Will man als Zielfunktion f die Summe aller zu fahrenden Fahrtrecken minimieren, so gilt:

$$765 \cdot \min_{\substack{(i,j) \in \mathcal{M} \times \mathcal{M} \\ i \neq j}} d_{ij} \leq \min f \leq 765 \cdot \max_{\substack{(i,j) \in \mathcal{M} \times \mathcal{M} \\ i \neq j}} d_{ij}$$

Zusammen mit den Daten aus Kapitel 3.3 liefert diese triviale Abschätzung:

$$765 \cdot 3{,}3 \; km = 2524{,}5 \; km \leq \min f \leq 389232 \; km = 765 \cdot 508{,}8 \; km$$

Die minimale Gesamtfahrtstrecke (bei jeweils nur einer betrachteten Fahrt, in Wirklichkeit wird die Strecke vier Mal gefahren) in den fünf Staffeln ist demnach mindestens 2524,5 km und höchstens 389232 km. Diese beiden Werte stellen somit eine untere und eine obere Schranke für den optimalen Wert von **(KWAYRESDIS)** dar. Analog können triviale Schranken für die Summe aller zu absolvierenden Fahrtzeiten (bei jeweils nur einer betrachteten Fahrt, in Wirklichkeit wird die Strecke vier Mal gefahren) angegeben werden. Hier bezeichne f erneut die zu minimierende Zielfunktion:

$$765 \cdot \min_{\substack{(i,j) \in \mathcal{M} \times \mathcal{M} \\ i \neq j}} t_{ij} \leq \min f \leq 765 \cdot \max_{\substack{(i,j) \in \mathcal{M} \times \mathcal{M} \\ i \neq j}} t_{ij}$$

Mit der kürzesten und der längsten Fahrtzeit (siehe 3.3) als Daten liefert dies:

$$765 \cdot 5 \; min = 3825 \; min \leq \min f \leq 201195 \; min = 765 \cdot 263 \; min$$

Demnach liegt die optimale gesamte Fahrtzeit für das Problem **(KWAYRESTIM)** zwischen 3825 min und 201195 min.

Satz 5.21: Die aktuelle Einteilung des BFV ist für das Problem **(KWAYRES)** unzulässig.

Beweis: Die Sportfreunde Dinkelsbühl (Knoten 73) haben in ihrer aktuellen Staffel mit dem TSV Nördlingen (Knoten 74) nur einen einzigen Gegner, der binnen 60 Minuten erreichbar ist. Da sie nicht an beiden Spieltagen unter der Woche gegen Nördlingen antreten können, muss Din-kelsbühl an zumindest einem der beiden Spieltage ein Gegner zugeteilt werden, der länger als 60 Minuten entfernt liegt. Dies verletzt dann eine Wochentagsrestriktion. Ähnliches gilt auch für den TSV Waldkirchen (58). ∎

Satz 5.22: Es kann nicht garantiert werden, dass für die Daten jeder Spielzeit eine zulässige Lösung für das Problem **(KWAYRES)** existiert.

Beweis: Es werden erneut die Sportfreunde Dinkelsbühl (73) betrachtet. Dinkelsbühl hat während der Spielzeit 2013/14 mit der SpVgg Ansbach (17), dem TSV Nördlingen (74) und Bayern Kitzingen (14) nur drei potentielle Gegner, die in maximal einer Stunde erreichbar sind.
Annahme: Ansbach steigt auf, Nördlingen steigt ab und es kommt weder ein Absteiger aus der Bayernliga noch ein Aufsteiger aus der Bezirksliga hinzu, der höchstens 60 Minuten von Dinkelsbühl entfernt liegt.
Dann hätte Dinkelsbühl in der Saison 2014/15 mit Kitzingen nur noch einen einzigen Gegner unter allen Landesligisten, der unter der Woche zuteilbar wäre. Unter der Annahme, dass auch in den kommenden Spielzeiten zwei Spiele an einem Wochentag stattfinden, welche beide in der Hinrunde sind, könnte keine Staffeleinteilung mehr erstellt werden, die **(KWAYRES)** erfüllt.

5.4 Technisches Vorgehen

Bereits in Kapitel 4 wurde ein binäres Programm formuliert und in das Softwarepaket Gurobi eingegeben. In Abbildung 14 wurde ein Teil der Ausgabe von Gurobi dargestellt. Inhalt dieses Abschnittes ist es nun, das technische Vorgehen von der Modellierung eines Problems bis zur Darstellung der Ergebnisse zu beschreiben. Dieses Vorgehen ist für alle noch folgen-den binären Programme gültig.
Zunächst ist eine Optimierungsaufgabe gegeben, die als ganzzahliges (im Folgenden als binäres) Programm modelliert werden muss. Anschließend wird diese Modellierung in die Optimierungssoftware GLPK 4.52 eingegeben (vgl. [GNU13] & [GNU14]) und unter einem Namen abgespeichert. Danach wird über ein Computer Terminal auf den Ordner (hier: Downloads/glpk-4.52/examples/), in dem sich die GLPK-Modellierung (NAME.mod) befindet, zugegriffen:

ruckels-mbp:~ ruckel$ cd Downloads/glpk-4.52/examples/

Da das binäre Programm mit Hilfe der Software Gurobi optimiert werden soll, muss die GLPK-Modellierung des Problems in eine für Gurobi lesbare Form übersetzt werden. Dies erreicht man durch den Befehl:

glpsol -m NAME.mod --check --wcpxlp NAME.lp

Die für Gurobi lesbare Form ist nun unter NAME.lp abgespeichert. Der nächste Schritt ist es, Gurobi auf dem Terminal aufzurufen:

gurobi.sh

Nun muss NAME.lp in Gurobi eingelesen werden. Hierzu verwendet man den Befehl:

m=read("NAME.lp")

Durch die Eingabe

m.optimize()

wird schließlich die Optimierung anhand von Gurobi gestartet. Ist der Optimierungsprozess beendet, so können die optimale Lösung des binären Programms sowie alle Belegungen der Variablen durch den Befehl

m.write("NAME.sol")

in einer Datei (hier: NAME.sol) ausgegeben werden. Der letzte Schritt des technischen Vorgehens ist die Aufbereitung und die Darstellung der ausgegebenen Ergebnisse (vgl. [GUR14 (2)] & [GNU13]). Die nachfolgende Abbildung 27 soll diese Handlungsabfolge nochmals veranschaulichen.

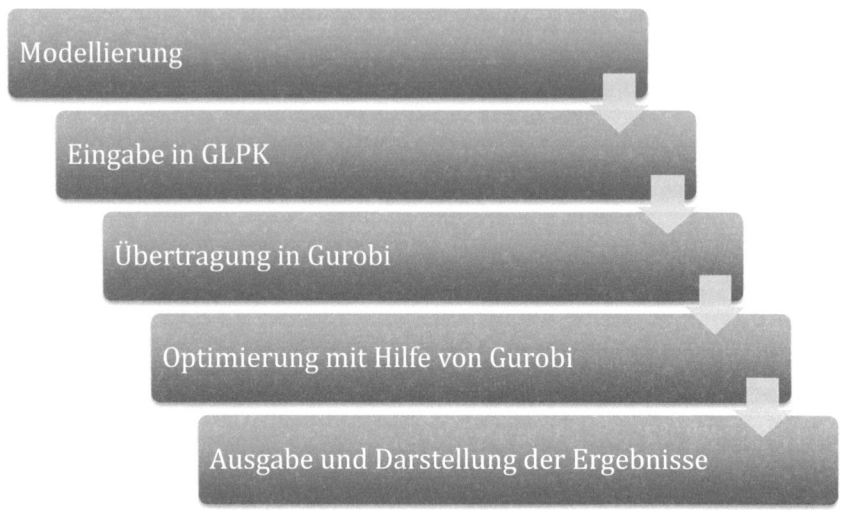

Abbildung 27: Technisches Vorgehen bei der Lösung der nachfolgenden Probleme (eigene Darstellung)

5.5 Ein erster Versuch

5.5.1 Modellierung

In diesem Abschnitt wird ein erster Modellierungsversuch für die Probleme **(KWAYRESDIS)** und **(KWAYRESTIM)** vorgestellt. Diese beiden Varianten der Optimierungsaufgabe **(KWAYRES)** unterscheiden sich lediglich durch die Wahl der Zielfunktion. Sämtliche Nebenbedingungen, welche im Folgenden formuliert werden, sind identisch. Man betrachte hierzu auch Beispiel 2.30.

Gegeben ist eine Menge $\mathcal{M}$ von Mannschaften:

$$\mathcal{M} = \{1, \dots, 90\}$$

Hierbei ist jede Nummer $i \in \mathcal{M}$ genau einem der 90 Landesligisten zugeordnet. Die Zuteilung einer Kennzahl zu jedem Team war Inhalt von Kapitel 3.1. Für die Menge $\mathcal{G}$ der Staffeln

$$\mathcal{G} = \{1, \dots, 5\}$$

wurde ebenfalls in 3.1 eine Zuordnung von jedem Staffelnamen zu einer Ziffer bestimmt. Schließlich wird noch eine Menge $\mathcal{S}$ benötigt, welche die beiden Spieltage, die unter der Woche stattfinden, beschreibt:

$$\mathcal{S} = \{1, 2\}$$

Zur Modellierung wird zunächst eine binäre Variable eingeführt, welche angibt, ob ein Team einer Staffel zugeteilt ist oder nicht:

$$x(k, i) = \begin{cases} 1 \text{ falls Mannschaft } i \in \mathcal{M} \text{ in Staffel } k \in \mathcal{G} \\ 0 \qquad\qquad\qquad\qquad\qquad\qquad\quad \text{sonst} \end{cases}$$

In jeder der fünf Staffeln spielen genau 18 Teams:

$$\sum_{i=1}^{90} x(k, i) = 18 \quad \forall\, k \in \mathcal{G} \quad (1)$$

Jedes Team muss natürlich genau einer Staffel zugeteilt sein:

$$\sum_{k=1}^{5} x(k, i) = 1 \quad \forall\, i \in \mathcal{M} \quad (2)$$

Für die nachfolgenden Restriktionen wird eine weiter binäre Variable benötigt. Diese be-schreibt, ob ein Spiel in einer Staffel ausgetragen wird:

$$y(k, i, j) = \begin{cases} 1 \text{ falls Team } i \in \mathcal{M} \text{ gegen Team } j \in \mathcal{M} \text{ in Staffel } k \in \mathcal{G} \text{ spielt} \\ 0 \qquad\qquad\qquad\qquad\qquad\qquad\qquad\qquad\qquad\qquad\qquad\quad \text{sonst} \end{cases}$$

Es macht an dieser Stelle keinen Unterschied, welches Team zu Hause und welche Mann-schaft auswärts spielt. Dies impliziert, dass es ausreicht, wenn die $y-$Variablen nur für $i < j$ erzeugt werden, denn dadurch werden schon alle nötigen Spiele abgedeckt. Der Vorteil ist dabei darin zu sehen, dass eine Reduzierung der Variablenanzahl erreicht wird. Das nachfol-gende Beispiel stellt dies nochmals an einer Staffel mit 4 Mannschaften dar.

Beispiel 5.23: Gegeben sei eine Liga $\mathcal{L}$ mit 4 Mannschaften. Durch die Einschränkung der y −Variablen auf den Fall $i < j$ werden nur die folgenden Spiele definiert:

	$j = 1$	$j = 2$	$j = 3$	$j = 4$
$i = 1$	−	$y(k, 1, 2)$	$y(k, 1, 3)$	$y(k, 1, 4)$
$i = 2$	−	−	$y(k, 2, 3)$	$y(k, 2, 4)$
$i = 3$	−	−	−	$y(k, 3, 4)$
$i = 4$	−	−	−	−

Abbildung 28: Einschränkung der y −Variablen (eigene Darstellung)

Ohne Unterscheidung zwischen Heim- und Auswärtsrecht sind dadurch alle 6 notwendigen Spiele definiert. Die Felder unterhalb der Diagonalen würden die gleichen Partien noch einmal angeben. Der einzige Unterschied liegt darin, dass hier i und j vertauscht wären. Man beachte dabei, dass die Einschränkung $i < j$ auch verhindert, dass eine Variable definiert wird, welche das Spiel eines Teams gegen sich selbst ($i = j$) beschreibt.

Ein Spiel kann nur dann stattfinden, wenn beide Teams der gleichen Staffel zugeordnet sind:

$$2 \cdot y(k, i, j) \leq x(k, i) + x(k, j) \quad \forall\, k \in \mathcal{G}, \forall\, i \in \mathcal{M}, \forall\, j \in \mathcal{M}\ (i < j)\ (3)$$

Diese Ungleichung bedarf einer kurzen Erläuterung. Insgesamt müssen zwei Fälle unterschieden werden:

<u>Fall 1:</u> Die beiden Teams $i, j \in \mathcal{M}$ sind in der gleichen Staffel $k^* \in \mathcal{G}$. Dann gilt

$$x(k^*, i) = x(k^*, j) = 1$$

Dies führt für diese Teams in Staffel k^* zur Ungleichung:

$$2 \cdot y(k^*, i, j) \leq 2$$

Da y eine binäre Variable ist und alle in einer Division möglichen Spiele in die Fahrtstrecken bzw. Fahrtzeitberechnung einfließen (siehe Zielfunktion), muss sichergestellt werden, dass in diesem Fall $y(k^*, i, j) = 1$ gesetzt wird. Dies erreicht man durch Nebenbedingung (4). Für die übrigen Staffeln $k \in \mathcal{G} \setminus \{k^*\}$ folgt sofort, dass $y(k,i,j) \leq x(k,i) + x(k,j) = 0 + 0 = 0$ und somit auch $y\{k,i,j\} = 0$ gilt.

Fall 2: Die Mannschaften $i,j \in \mathcal{M}$ spielen in unterschiedlichen Staffeln. Dann

$$\nexists\, k \in \mathcal{G}: \; x(k,i) = x(k,j) = 1$$

Daraus folgt sofort das die rechte Seite der Nebenbedingung (3) in diesem Fall maximal 1 werden kann:

$$2 \cdot y(k,i,j) \leq x(k,i) + x(k,j) \leq 1 \quad \forall\, k \in \mathcal{G}$$

Da y eine binäre Variable ist, folgt sofort, dass die y −Variablen im Fall 2 stets den Wert 0 annehmen müssen.

Nun soll, wie in Fall 1 erörtert, garantiert werden, dass alle möglichen Spiele in jeder Staffel auch ausgetragen werden. Demnach spielt jedes Team genau ein Mal gegen jedes andere Team seiner Gruppe:

$$\sum_{\substack{j=1}}^{90} \sum_{\substack{i=1 \\ i<j}}^{90} y(k,i,j) = \binom{18}{2} = 153 \quad \forall\, k \in \mathcal{G} \quad (4)$$

Schließlich soll noch garantiert werden, dass jede Mannschaft an den beiden Spielen, die unter der Woche angesetzt sind, Gegner erhält, die in maximal 60 Minuten erreichbar sind. Hierfür werden nun in jeder Staffel zwei Spieltage konstruiert, welche diese Eigenschaft aufweisen.

Dazu wird eine weitere binäre Variable definiert, welche entscheidet, ob ein Spiel an einem der beiden Spieltage stattfindet oder nicht:

$$z(k,i,j,s) = \begin{cases} 1 \text{ falls Team } i \in \mathcal{M} \text{ gegen } j \in \mathcal{M} \text{ in Staffel } k \in \mathcal{G} \text{ an Spieltag } s \in \mathcal{S} \text{ spielt} \\ 0 \qquad\qquad\qquad\qquad\qquad\qquad\qquad\qquad\qquad\qquad\qquad\qquad\quad \text{sonst} \end{cases}$$

Auch hier soll, analog zu den y −Variablen, die Einschränkung der Variablen auf den Bereich $i < j$ gelten.

Jede Mannschaft $i \in \mathcal{M}$ muss nun an jedem der beiden Spieltage $s \in \mathcal{S}$ genau ein Mal spielen (vgl. [BRI08, S.7]):

$$\sum_{\substack{k=1 \\ i<j}}^{5} \sum_{j=1}^{90} z(k,i,j,s) + \sum_{\substack{k=1 \\ i>j}}^{5} \sum_{j=1}^{90} z(k,j,i,s) = 1 \quad \forall\, i \in \mathcal{M}, \forall\, s \in \mathcal{S} \quad (5)$$

Ein Spiel kann allerdings nur an Spieltag $s \in \mathcal{S}$ in Staffel $k \in \mathcal{G}$ angesetzt werden, wenn das Spiel überhaupt in dieser Staffel stattfindet:

$$z(k,i,j,s) \leq y(k,i,j) \quad \forall\, k \in \mathcal{G}, \forall\, i \in \mathcal{M}, \forall\, j \in \mathcal{M}, \forall\, s \in \mathcal{S}\ (i < j) \quad (6)$$

Da die beiden Wochentagsspiele in der Hinrunde terminiert sind, darf jede Mannschaft maximal ein Mal gegen den gleichen Gegner spielen. Mit anderen Worten: Die beiden Gegner jeder Mannschaft müssen verschiedene Teams sein (angelehnt an [BRI08, S.7]):

$$\sum_{k=1}^{5} \sum_{s=1}^{2} z(k,i,j,s) \leq 1 \quad \forall\, i \in \mathcal{M}, \forall\, j \in \mathcal{M}\ (i < j) \quad (7)$$

Nun muss noch entschieden werden, welche Spiele überhaupt unter der Woche in Betracht kommen. Sei hierzu $t_{ij} \in \mathbb{N}\ (i < j)$ die Fahrtzeit (in Minuten) zwischen Spielort i und Spielort j. Die Einschränkung der Fahrtzeit und später auch der Fahrtstrecke (in Kilometer) auf einen einzigen Weg ist ohne weiteres möglich, da in Kapitel 3 Hin- und Rückweg als identisch angenommen wurden.

Die Fahrtzeit darf an beiden Spieltagen höchstens eine Stunde betragen. Dies wird durch die folgende Restriktion beschrieben:

$$t_{ij} \cdot z(k,i,j,s) \leq 60 \quad \forall\, k \in \mathcal{G}, \forall\, i \in \mathcal{M}, \forall\, j \in \mathcal{M}, \forall\, s \in \mathcal{S}\ (i < j) \quad (8)$$

Zusätzlich soll sichergestellt werden, dass kein Team eine zu weite bzw. eine zu lange Fahrt im Laufe einer Saison hat. Auf die Formulierung dieser Forderung als Nebenbedingung wird an dieser Stelle verzichtet. Sie ist jedoch Inhalt von Abschnitt 5.5 bzw. 5.6.

Der Unterschied zwischen **(KWAYRESDIS)** und **(KWAYRESTIM)** liegt in der Wahl einer geeigneten Zielfunktion. Zuerst werden nun die Fahrtstrecken über die ganze Saison in allen

Staffeln minimiert. Sei hierzu $c_{ij} \in \mathbb{Q}^+$ die Fahrtstrecke zwischen Spielort i und Spielort j (vgl. [MIT03, S.687]):

$$\min \sum_{k=1}^{5} \sum_{j=1}^{90} \sum_{\substack{i=1 \\ i<j}}^{90} c_{ij} \cdot y(k,i,j)$$

Dies ist die geeignete Bewertungsfunktion für die Variante **(KWAYRESDIS)**. Für **(KWAYRESTIM)** ist die nachfolgende Zielfunktion zur Minimierung der gesamten Fahrtzeit in allen Gruppen im Laufe einer Spielzeit zu wählen (vgl. [MIT03, S.687]):

$$\min \sum_{k=1}^{5} \sum_{j=1}^{90} \sum_{\substack{i=1 \\ i<j}}^{90} t_{ij} \cdot y(k,i,j)$$

5.5.2 Ergebnisse

Gurobi kann weder für **(KWAYRESDIS)** noch für **(KWAYRESTIM)** in akzeptabler Laufzeit eine optimale Lösung bestimmen. Dargestellt werden die Ergebnisse in Abbildung 29.

	(KWAYRESDIS)	**(KWAYRESTIM)**
Anzahl Variablen nach dem „Presolve"	26825	26825
Anzahl Nebenbedingungen nach dem „Presolve"	24121	24121
Laufzeit	142296 *sek*	113805 *sek*
Bester gefundener Zielfunktionswert	113624,1 *km*	Es konnte keine zulässige Lösung bestimmt werden
Beste Schranke	48342,0693 *km*	35647,6681 *min*
Optimality Gap	57,4544 %	–
Untersuchte Knoten	4626928	3751736

Abbildung 29: Von Gurobi gelieferte Ergebnisse für **(KWAYRESDIS)** und **(KWAYRESTIM)** bei Anwendung der Modelle „distanz.mod" bzw. „zeit.mod" (eigene Darstellung)

Nach 142296 *sek* (ca. 40 h) weist Gurobi beim Problem **(KWAYRESDIS)** noch eine Optimality Gap von 57,4544 % auf. Der beste gefundene Zielfunktionswert (113624,1 *km*) wurde nach 52392 *sek* bestimmt. Die beste Schranke wurde bereits nach 1075 *sek* gefunden und blieb bis zum Abbruch des Programms unverändert. Bei der Optimierungsvariante **(KWAYRESTIM)** konnte Gurobi binnen 113805 *sek* (ca. 32 h) keine zulässige Lösung finden. Die beste Schranke wurde in diesem Fall schon nach 767 *sek* bestimmt. Dies zeigt deutlich das Scheitern der obigen Modellierung und führt zu den nachfolgenden Lösungsansätzen.

5.6 Optimierung von (KWAYRESDIS)

Im vorangegangenen Abschnitt wurden keine brauchbaren Gruppeneinteilungen gefunden. Daher wird in diesem Kapitel zunächst nochmals die Modellierung betrachtet. Dabei werden einige Verbesserungen vorgenommen. Da dieses Modell dann gut lösbar wird, folgt noch die Beleuchtung einiger Aspekte der Sensitivität. Anschließend sollen noch zwei alternative Ansätze zur Optimierung von **(KWAYRESDIS),** welche im Laufe der Auseinandersetzung mit diesem Thema entstanden sind, vorgestellt werden. Hierzu werden jeweilige Stärken und Schwächen der Modelle vorgestellt.

5.6.1 Verbesserung der Modellierung

5.6.1.1 Verbessertes Modell

Die Mengen $\mathcal{M}, \mathcal{G}$ und $\mathcal{S}$ seien wie in 5.4 definiert. Und auch die binäre Variable

$$x(k,i) = \begin{cases} 1 \text{ falls Mannschaft } i \in \mathcal{M} \text{ in Staffel } k \in \mathcal{G} \text{ spielt} \\ 0 \qquad\qquad\qquad\qquad\qquad\qquad\qquad\quad \text{sonst} \end{cases}$$

bleibt unverändert. Daher können die Nebenbedingungen (1) und (2) aus 5.4 übernommen werden:

$$\sum_{l=1}^{90} x(k,i) = 18 \quad \forall\, k \in \mathcal{G} \quad (1)$$

$$\sum_{k=1}^{5} x(k,i) = 1 \quad \forall\, i \in \mathcal{M} \quad (2)$$

Die erste Modifikation findet bei der Definition der y −Variabeln statt. Hier wird der Index k entfernt, denn dieser ist nicht zwangsläufig notwendig. Dadurch erhält man eine Verbesserung um den Faktor 5, denn es werden nur noch $\frac{1}{5}$ der ursprünglichen y −Variablen benötigt:

$$y(i,j) = \begin{cases} 1 \text{ falls Team } i \in \mathcal{M} \text{ ein Spiel gegen Team } j \in \mathcal{M} \text{ austrägt} \\ 0 \qquad\qquad\qquad\qquad\qquad\qquad\qquad\qquad\qquad\qquad \text{sonst} \end{cases}$$

Für die y −Variablen soll weiterhin gelten, dass der Index i kleiner ist, als der Index j:

$$i < j$$

Aufgrund der Abänderung der y −Variablen müssen auch die Restriktionen (3) und (4) aus 5.4.1 neu formuliert werden:

$$x(k,i) + x(k,j) \leq 1 + y(i,j) \quad \forall\, k \in \mathcal{G}, \forall\, i \in \mathcal{M}, \forall\, j \in \mathcal{M} \ (i < j) \quad (3^*)$$

Die Bedeutung der Nebenbedingung (3^*) soll nun kurz erläutert werden. Hierzu müssen erneut 2 Fälle unterschieden werden:

Fall 1: Die beiden Teams $i, j \in \mathcal{M}$ sind in der gleichen Staffel $k^* \in \mathcal{G}$. Dann gilt

$$x(k^*,i) = x(k^*,j) = 1$$

Dies führt für diese Teams in Staffel k^* zur Ungleichung:

$$x(k^*,i) + x(k^*,j) = 1 + 1 = 2 \leq 1 + y(i,j)$$

Da y eine binäre Variable ist, folgt sofort dass $y(i,j) = 1$ gelten muss, damit diese Nebenbedingung erfüllt ist. Anschaulich ist dies ohnehin klar, denn zwei Teams, die der gleichen Staffel zugeteilt sind, sollen auch gegeneinander spielen. Für die übrigen Staffeln $k \in \mathcal{G} \setminus \{k^*\}$ folgt sofort:

$$x(k,i) + x(k,j) = 0 + 0 = 0 \leq 1 + y(i,j)$$

Der Grund hierfür ist, dass jedes Team natürlich nur einer Division zugeteilt werden kann (hier: k^*). Für die Staffeln, denen die Teams nicht zugeteilt sind, ist die Restriktion damit ohnehin erfüllt.

Fall 2: Die Mannschaften $i, j \in \mathcal{M}$ spielen in unterschiedlichen Staffeln. Dann

$$\nexists\, k \in \mathcal{G}: \; x(k,i) = x(k,j) = 1$$

Daraus ergibt sich für (3^*):

$$x(k,i) + x(k,j) \leq 1 \leq 1 + y(i,j) \quad \forall\, k \in \mathcal{G}$$

Diese Ungleichung ist zunächst für jede binäre Variable y erfüllt. Die y −Variablen im Fall 2 müssen dennoch stets den Wert 0 annehmen, denn sonst würden Teams unterschiedlicher Staffeln gegeneinander antreten. Dass diese y −Variablen tatsächlich auf 0 gesetzt werden, erreicht man durch eine Modifizierung der Nebenbedingung (4) aus 5.4.1:

$$\sum_{\substack{j=1 \\ i<j}}^{90} y(i,j) + \sum_{\substack{j=1 \\ i>j}}^{90} y(j,i) = 17 \quad \forall\, i \in \mathcal{M} \; (4^*)$$

Die Restriktion (4^*) ist angelehnt an [MIT03, S.687]. Man betrachte hierzu auch die obigen Ausführungen (5.1) zum k −way Equipartition Problem. Die Bedeutung von (4^*) ist wie folgt: Jedes Team hat genau 17 Gegner, nämlich die 17 anderen Teams seiner Staffel. Durch den Fall 1 aus (3^*) werden für jedes $i \in \mathcal{M}$ genau die 17 y −Variablen, welche die Spiele gegen die anderen Teams aus der Staffel beschreiben, auf 1 gesetzt. Dadurch müssen für dieses $i \in \mathcal{M}$ alle y −Variablen, welche nicht durch Fall 1 zu 1 erklärt wurden auf 0 gesetzt werden, wodurch auch Fall 2 aus (3^*) erfüllt wird.

Die nächste Modifikation betrifft die z −Variablen und liefert durch die Entfernung des Index k ebenfalls eine Verbesserung um den Faktor 5:

$$z(i,j,s) = \begin{cases} 1 \text{ falls Team } i \in \mathcal{M} \text{ gegen } j \in \mathcal{M} \text{ an Spieltag } s \in \mathcal{S} \text{ spielt} \\ 0 \qquad\qquad\qquad\qquad\qquad\qquad\qquad\qquad\quad \text{sonst} \end{cases}$$

70

Auch für die z – Variablen soll erneut $i < j$ gelten. Die Nebenbedingungen (5) bis (8) aus 5.4.1 müssen nun ebenfalls abgeändert werden. Die Bedeutung der modifizierten Bedingungen bleibt allerdings jeweils unverändert (vgl. [BRI08, S.7]):

$$\sum_{\substack{j=1 \\ i<j}}^{90} z(i,j,s) + \sum_{\substack{j=1 \\ i>j}}^{90} z(j,i,s) = 1 \quad \forall\, i \in \mathcal{M}, \forall\, s \in \mathcal{S} \quad (5^*)$$

$$z(i,j,s) \leq y(i,j) \quad \forall\, i \in \mathcal{M}, \forall\, j \in \mathcal{M}, \forall\, s \in \mathcal{S}\ (i < j) \quad (6^*)$$

$$\sum_{s=1}^{2} z(i,j,s) \leq 1 \quad \forall\, i \in \mathcal{M}, \forall\, j \in \mathcal{M}\ (i < j) \quad (7^*)$$

$$t_{ij} \cdot z(i,j,s) \leq 60 \quad \forall\, i \in \mathcal{M}, \forall\, j \in \mathcal{M}, \forall\, s \in \mathcal{S}\ (i < j) \quad (8^*)$$

Zu weite Fahrten sind den Vereinen nicht zuzumuten. Deshalb wird eine obere Grenze für die Entfernung zwischen zwei Teams der gleichen Staffel festgelegt. Diese beträgt als einfache Strecke 250 km zuzüglich einer Toleranz von 5 km. Hieraus ergibt sich die neue Nebenbedingung (9):

$$c_{ij} \cdot y(i,j) \leq 255 \quad \forall\, i \in \mathcal{M}, \forall\, j \in \mathcal{M}\ (i < j) \quad (9)$$

Hierbei bezeichne wie schon in 5.4 $c_{ij} \in \mathbb{Q}^+$ die Fahrtstrecke zwischen den Spielorten i und j. Die optimale Staffelaufteilung enthält 5 Gruppen zu je 18 Teams. Dies führt prinzipiell zu 5! optimalen Einteilungen, denn jede Permutation einer optimalen Lösung ist wieder optimal (vgl. 5.2).

Begründung 5.24: Seien A, B, C, D, E die fünf optimalen Staffeleinteilungen. Es gilt:

$$|A| = |B| = |C| = |D| = |E| = 18$$

und A, B, C, D, E sind paarweise disjunkt. Nun kann die Menge A jede der fünf Staffeln darstellen, die Menge B noch jede der vier übrigen, C noch drei und für D gibt es noch 2 Möglichkeiten. Insgesamt macht dies 5! Möglichkeiten.

Da die optimale Lösung nicht eindeutig ist, muss Gurobi die gleichen Schranken im Iterationsprozess wiederholt berechnen. Solche Symmetrien haben daher eine schlechte Auswirkung auf die Laufzeit. Man betrachte hierzu [FMA02, S.71ff.]. Jedoch ist an dieser Stelle leicht ein Ausweg zu finden. Man fixiert einfach vier Teams, die aufgrund der Bedingung (9) ohnehin nicht zusammen in einer Division spielen können, zu je einer Staffel. Es sei angemerkt, dass dies im vorliegenden Fall möglich ist. Es kann allerdings nicht garantiert werden, dass dieses Vorgehen auch in den nächsten Jahren (mit anderen Vereinen) durchführbar ist.

	Kahl	Kottern	Kirchanschöring	Trogen
Kahl	–	$375,9\ km$	$508,8\ km$	$307,1\ km$
Kottern	$375,9\ km$	–	$270,2\ km$	$422,3\ km$
Kirchanschöring	$508,8\ km$	$270,2\ km$	–	$349,7\ km$
Trogen	$307,1\ km$	$422,3\ km$	$349,7\ km$	–

Abbildung 30: Auswahl von 4 Teams (eigene Darstellung)

Die Zuordnung zu einer Staffel findet nun geografisch mit Hilfe der in 3.1 festgelegten Nummerierungen statt. Dies führt zu den Nebenbedingungen (10) bis (13). Viktoria Kahl (Team-Nummer 2) wird der Staffel Nordwest (Staffel-Nummer 1) zugeteilt:

$$x(1,2) = 1 \quad (10)$$

Der TSV Kottern (89) spielt in der Staffel Südwest (5):

$$x(5,89) = 1 \quad (11)$$

In der Gruppe Nordost (2) tritt der 1.FC Trogen (23) an:

$$x(2,23) = 1 \quad (12)$$

Das verbliebene Team aus Kirchanschöring (72) wird schließlich der Gruppe Südost (4) zugewiesen:

$$x(4,72) = 1 \quad (13)$$

Bemerkung 5.25: Die durch die Nebenbedingung (9) getroffene Einschränkung hat keinerlei Auswirkung auf die in Theorem 5.17 beschriebene Existenz einer zulässigen Lösung, denn keine einfache Fahrt über 255 km ist in weniger als einer Stunde möglich.

Das Ziel von **(KWAYRESDIS)** ist es, die notwendige Gesamtfahrtstrecke im Laufe einer Saison zu minimieren (vgl. [MIT03, S.687]):

$$\min \sum_{j=1}^{90} \sum_{\substack{i=1 \\ i<j}}^{90} c_{ij} \cdot y(i,j)$$

Bemerkung 5.26: Die tatsächlich im Laufe einer Saison gefahrene Distanz ist das Vierfache des optimalen Zielfunktionswertes, denn in der obigen Modellierung wird jede notwendige Strecke nur ein Mal gefahren. In einer Saison gibt es aber ein Hin- und ein Rückspiel, weswegen in Wirklichkeit jede Strecke von jedem Team zwei Mal (Hin- und Rückfahrt) gefahren werden muss.

Bemerkung 5.27: Dieses Modell wird in den nachfolgenden Ausführungen als *(ENTMOD)* bezeichnet.

5.6.1.2 Ergebnisse

Im Folgenden werden die Ergebnisse der Optimierung des Modells *(ENTMOD)* mit Hilfe von Gurobi präsentiert:

	(KWAYRESDIS)
Anzahl der Variablen nach dem „Presolve"	4552
Anzahl der Nebenbedingungen nach dem „Presolve"	8214
Laufzeit	31537 *sek*
Bester gefundener Zielfunktionswert	63806,9 *km*
Optimale Lösung gefunden nach	30290 *sek*
Beste Schranke	63806,9 *km*
Optimality Gap	0,0 %
Untersuchte Knoten	43328

Abbildung 31: Von Gurobi gelieferte Ergebnisse für **(KWAYRESDIS)** bei Einsatz des Modells *(ENTMOD)* (eigene Darstellung)

Wie man Abbildung 31 entnehmen kann, findet Gurobi nach knapp 9 Stunden die optimale Lösung für das Problem **(KWAYRESDIS)**. Nach Bemerkung 5.26 sind somit von allen Vereinen zusammen 255227,6 *km* während der Spielzeit 2013/14 zu fahren. Die von Gurobi gelieferte optimale Einteilung, Unterschiede zur BFV-Einteilung und die Begegnungen unter der Woche sind in den Abbildungen 32 bis 34 dargestellt.

Bemerkung 5.28: Die beiden Spieltage aus der nachfolgenden Abbildung 34 sind nur zwei von zahlreichen möglichen Spieltagen. Wie im graphentheoretischen Teil des Beweises zu Theorem 5.17 benutzt, liefert jeder Kreis innerhalb der einzelnen Staffeln, der nur Kanten mit einer Kapazität von höchstens 60 enthält, zwei mögliche Spieltage.

Staffel	Mannschaften
Nordwest	TuS Frammersbach, Viktoria Kahl, SV Garitz, FT Schweinfurt, 1.FC Augsfeld, 1.FC Sand, TSV Karlburg, FC Blau-Weiß Leinach, TSV Lengfeld, ASV Rimpar, Würzburger FV II, SpVgg Stegaurach, Bayern Kitzingen, TSV Abtswind, TSV Kleinrinderfeld, SpVgg Ansbach, TSV Neustadt/Aisch, Spfr. Dinkelsbühl
Nordost	DJK Don Bosco Bamberg, SV Friesen, 1.FC Burgkunstadt, TSV Neudrossenfeld, BSC Bayreuth, 1.FC Trogen, SpVgg Oberkotzau, 1.FC Strullendorf, SV Pettstadt, SV Buckenhofen, ASV Pegnitz, ASV Vach, FSV Stadeln, SG Quelle Fürth, TSV Buch, Dergahspor Nürnberg, ASV Veitsbronn-Siegelsdorf, 1.SC Feucht
Mitte	Vorwärts Röslau, TSV Kirchenlaibach-Speichersdorf, SV Mitterteich, SV Etzenricht, SC Ettmannsdorf, DJK Vilzing, ASV Cham, 1.FC Bad Kötzting, SpVgg Lam, ASV Burglengenfeld, TSV Kareth-Lappersdorf, SV Fortuna Regensburg, FC Tegernheim, VFB Bach, SV Burgweinting, TSV Bad Abbach, TV Schierling, SpVgg Ruhmannsfelden
Südost	SpVgg Deggendorf, FC Gerolfing, FC Ergolding, 1.FC Passau, TSV Waldkirchen, TuS Pfarrkirchen, SV Hebertsfelden, SE Freising, TSV Eching, VfB Hallbergmoos, TSV Ampfing, SV Erlbach, TSV Dachau, SC Kirchheim, FC Falke Markt Schwaben, FC Deisenhofen, TuS Holzkirchen, SV Kirchanschöring
Südwest	TG Ataspor München, TSV Nördlingen, FC Gundelfingen, SC Bubesheim, TSV Aindling, TSV Gersthofen, TSV 1862 Friedberg, SV Mering, TSG Thannhausen, FV Illertissen II, SC Oberweikertshofen, SC Fürstenfeldbruck, TSV Landsberg, FC Memmingen II, TSV Ottobeuren, SpVgg Kaufbeuren, TSV Kottern, VfB Durach

Abbildung 32: Optimale Einteilung des Problems **(KWAYRESDIS)**: In grün sind die Teams markiert, die im Vergleich zur BFV-Einteilung einer anderen Staffel zugeteilt sind (eigene Darstellung)

74

Team	BFV Einteilung	Optimale Einteilung (KWAYRESDIS)
Spfr. Dinkelsbühl	Südwest	Nordwest
DJK Don Bosco Bamberg	Nordwest	Nordost
1. SC Feucht	Mitte	Nordost
Vorwärts Röslau	Nordost	Mitte
TSV Kirchenlaibach-Speichersdorf	Nordost	Mitte
SpVgg Deggendorf	Mitte	Südost
TG Ataspor München	Südost	Südwest

Abbildung 33: Unterschiede zwischen der BFV-Einteilung und der optimalen Einteilung des Problems **(KWAYRESDIS)** (eigene Darstellung)

Staffel	1. Spieltag	2. Spieltag
Nordwest	TuS Frammersbach – Viktoria Kahl	TuS Frammersbach – SV Garitz
	SV Garitz – ASV Rimpar	Viktoria Kahl – TSV Kleinrinderfeld
	FT Schweinfurt – 1.FC Sand	FT Schweinfurt – TSV Karlburg
	1. FC Augsfeld – Blau Weiß Leinach	1.FC Augsfeld – Bayern Kitzingen
	TSV Karlburg – TSV Lengfeld	1.FC Sand – TSV Abtswind
	Würzburger FV – Kleinrinderfeld	Blau-Weiß Leinach – ASV Rimpar
	SpVgg Stegaurach – TSV Abtswind	TSV Lengfeld – Würzburger FV
	Bayern Kitzingen – Dinkelsbühl	SpVgg Stegaurach – TSV Neustadt
	SpVgg Ansbach – TSV Neustadt	SpVgg Ansbach – Spfr. Dinkelsbühl
Nordost	DJK DB Bamberg – ASV Veitsbronn	DJK DB Bamberg – 1.FC Strullendorf
	SV Friesen – 1.FC Trogen	SV Friesen – SpVgg Oberkotzau
	1.FC Burgkunstadt – SV Pettstadt	1.FC Burgkunstadt – BSC Bayreuth
	TSV Neudrossenfeld – Oberkotzau	TSV Neudrossenfeld – 1.FC Trogen
	BSC Bayreuth – 1.FC Strullendorf	SV Pettstadt – ASV Veitsbronn
	SV Buckenhofen – Quelle Fürth	SV Buckenhofen – Dergahspor Nbg.
	ASV Pegnitz – SC Feucht	ASV Pegnitz – TSV Buch
	ASV Vach – FSV Stadeln	ASV Vach – Quelle Fürth
	TSV Buch – Dergahspor Nürnberg	FSV Stadeln – SC Feucht

Mitte	Vorwärts Röslau – SV Etzenricht	Vorwärts Röslau – SV Mitterteich
	Kirchenlaibach – SC Ettmannsdorf	Kirchenlaibach – SV Etzenricht
	SV Mitterteich – TSV Kareth	SC Ettmannsdorf – 1.FC Bad Kötzting
	DJK Vilzing – ASV Burglengenfeld	DJK Vilzing – TSV Bad Abbach
	ASV Cham – Fortuna Regensburg	ASV Cham – SpVgg Lam
	1.FC Bad Kötzting – SpVgg Lam	ASV Burglengenfeld – TSV Kareth
	FC Tegernheim – TSV Bad Abbach	Fortuna Regensburg – Burgweinting
	VfB Bach – SpVgg Ruhmannsfelden	FC Tegernheim – Ruhmannsfelden
	SV Burgweinting – TV Schierling	VfB Bach – TV Schierling
Südost	Deggendorf – TSV Waldkirchen	Deggendorf – VfB Hallbergmoos
	FC Gerolfing – SE Freising	FC Gerolfing – TSV Dachau
	FC Ergolding – Markt Schwaben	FC Ergolding – TuS Pfarrkirchen
	1.FC Passau – TuS Pfarrkirchen	1.FC Passau – TSV Waldkirchen
	SV Hebertsfelden – TSV Ampfing	SV Hebertsfelden – SV Erlbach
	TSV Eching – VfB Hallbergmoos	SE Freising – SC Kirchheim
	SV Erlbach – SV Kirchanschöring	TSV Eching – TuS Holzkirchen
	TSV Dachau – SC Kirchheim	TSV Ampfing – SV Kirchanschöring
	FC Deisenhofen – TuS Holzkirchen	Markt Schwaben – FC Deisenhofen
Südwest	Ataspor München – TSV Aindling	Ataspor München – SV Mering
	TSV Nördlingen – FC Gundelfingen	TSV Nördlingen – TSV Gersthofen
	Bubesheim – Oberweikertshofen	FC Gundelfingen – Thannhausen
	TSV Gersthofen – Thannhausen	SC Bubesheim – TSV Aindling
	TSV Friedberg – Fürstenfeldbruck	TSV Friedberg – TSV Landsberg
	SV Mering – TSV Landsberg	FV Illertissen 2 – FC Memmingen 2
	FV Illertissen 2 – TSV Kottern	Oberweikertsh. – Fürstenfeldbruck
	FC Memmingen 2 – Ottobeuren	TSV Ottobeuren – SpVgg Kaufbeuren
	SpVgg Kaufbeuren – VfB Durach	TSV Kottern – VfB Durach

Abbildung 34: Die von Gurobi für **(KWAYRESDIS)** gelieferten zwei Spieltage unter der Woche ohne Aussage über Heimrecht (eigene Darstellung)

5.6.1.3 Stärken und Schwächen

In der folgenden Abbildung 35 werden Vor- und Nachteile des Ansatzes aus 5.5.1.1 dargestellt.

Vorteile	Nachteile
⊕ optimale Lösung für *(ENTMOD)* wird gefunden ⊕ akzeptable Laufzeit	⊖ Gurobi benutzt nur die geografischen Informationen, die als Input eingegeben werden. Die Lage der Vereine auf der Landkarte (siehe Abbildung 8) kennt Gurobi nicht ($\Rightarrow$ siehe 5.5.2) ⊖ Sensitivität gegenüber der maximal erlaubten Fahrtstrecke ($255\ km$; siehe hierzu 5.5.1.4)

Abbildung 35: Stärken und Schwächen des Ansatzes 5.5.1.1 (eigene Darstellung)

5.5.1.4 Sensitivität

Die längste, erlaubte Fahrtstrecke beträgt $255\ km$. Diese Obergrenze, welche den Aufwand der Vereine beschränken soll, ist in gewissem Maße willkürlich gewählt. Und auch die 60 $-$Minuten Schranke für Fahrten unter der Woche ist ein nach freiem Ermessen gewähltes Höchstmaß. Das Ziel dieses Abschnitts ist es, den Einfluss der gewählten Obergrenzen t_{max} bzw. d_{max} auf die Laufzeit und den optimalen Zielfunktionswert herauszuarbeiten.

Zunächst wird dafür die Nebenbedingungen (8^*) aus *(ENTMOD)* abgeändert. Die übrigen Restriktionen, insbesondere Bedingung (9), und die Zielfunktion des Modells *(ENTMOD)* bleiben erhalten:

$$t_{ij} \cdot z(i,j,s) \leq t_{max} \quad \forall\, i \in \mathcal{M}, \forall\, j \in \mathcal{M}, \forall\, s \in \mathcal{S}\ (i < j)\ (8^{**})$$

Dabei ergeben sich sehr interessante Ergebnisse, welche vor allem die Laufzeit betreffen. Dargestellt werden diese in Abbildung 36. Im Anschluss dieser Grafik sollen die Resultate noch kurz interpretiert werden.

	t_{max} $= 58\ min$	$t_{max} = 59\ min$	$t_{max} = 65\ min$	$t_{max} = 70\ min$
Beste gefundene Lösung	infeasible	$63806{,}9\ km$	$63299{,}4\ km$	$63002{,}8\ km$
Optimality Gap	$-$	$0{,}0\ \%$	$0{,}0\ \%$	$0{,}0\ \%$
Laufzeit	$0{,}06\ sek$	$40425\ sek$	$96547\ sek$	$5399\ sek$
Anzahl der untersuchten Knoten	0	82797	331790	31626

Beste Lösung gefunden nach	–	23908 sek	93075 sek	3824 sek
Anzahl der Variablen nach dem „Presolve"		4491	4822	5061
Anzahl der Nebenbedingungen nach dem „Presolve"		8180	8349	8472

Abbildung 36: Einfluss von t_{max} auf den Zielfunktionswert und die Laufzeit (Die oberste Zeile gibt die gewählten Werte für t_{max} an. Der Wert d_{max} ist in diesem Fall stets 255 km. In der Abbildung grün dargestellte Werte zeigen eine Verbesserung im Vergleich zu den Ergebnissen aus Abbildung 31 an, rot markiert eine Verschlechterung, eigene Darstellung)

Für $t_{max} \leq 58\ min$ ist das Problem unzulässig. Setzt man $t_{max} = 59\ min$, so erhält man die gleiche Optimallösung, wie die in Abbildung 32 präsentierte Lösung für *(ENTMOD)*. Der einzige Unterschied liegt darin, dass hier die Laufzeit, trotz weniger Variablen nach dem „Presolve", knapp drei Stunden länger ist. Für $t_{max} = 65\ min$ erhält man einen besseren Zielfunktionswert als im Modell *(ENTMOD)*. Es ergibt sich allerdings eine deutliche Erhöhung der Laufzeit, was aufgrund der größeren Anzahl an Variablen so auch zu erwarten war. Der nächste untersuchte Wert war so jedoch nicht zu erwarten. Fixiert man in Restriktion (8**) $t_{max} = 70\ min$, so wird der optimale Zielfunktionswert von **(MINDIS)** (siehe 5.5.3) angenommen. Dies bedeutet, dass durch eine Erhöhung der erlaubten Fahrtzeit unter der Woche um nur 10 Minuten eine Staffeleinteilung gefunden werden kann, welche die kürzeste Fahrtzeit aller Teams zusammen während der gesamten Saison liefert. Äußerst überraschend ist hier die Laufzeit. Im Vergleich zum Modell *(ENTMOD)* ist diese hier – trotz 509 binären Variablen mehr – lediglich 5399 sek. Dies ist nur etwa 17,1 % der Laufzeit des Modells *(ENTMOD)*. Die Aufrechterhaltung der Annahme, dass bei der Erhöhung von $t_{max} = 65\ min$ auf $t_{max} = 70\ min$ die Laufzeit weiterhin exponentiell mit der Anzahl der Variablen steigt ist demnach wohl nicht möglich. Kommt man nun noch einmal auf das Problem **(MINDIS)** aus 5.5.3 zurück, so stellt man fest, dass $t_{max} = 70\ min$ die gleiche optimale Lösung liefert wie **(MINDIS)**. Jedoch ist hier mit 5399 sek die Laufzeit geringer als die in 5.5.3.2 dargestellt Laufzeit für **(MINDIS)**. Dort beträgt die Laufzeit 7373 sek. Überraschenderweise ist die Anzahl der binären Variablen nach dem „Presolve" hier mit 5061 deutlich höher, als die Anzahl in der Optimierungsaufgabe **(MINDIS)**, denn dort sind es lediglich 3285.

Der zweite Schritt dieser Sensitivitätsanalyse besteht aus der Modifikation der Nebenbedingung (9). Auch hier bleiben alle anderen Restriktionen aus *(ENTMOD)*, insbesondere (8*), und die Bewertungsfunktion unverändert:

$$c_{ij} \cdot y(i,j) \leq d_{max} \quad \forall\, i \in \mathcal{M}, \forall\, j \in \mathcal{M} \ (i < j) \quad (9^*)$$

Abbildung 37 zeigt deutlich, dass mit steigendem d_{max} ein exponentieller Laufzeitanstieg einhergeht. Der Grund hierfür ist, dass durch eine Erhöhung von d_{max} die Anzahl der Variablen nach dem „Presolve" zunimmt. Es zeigt sich allerdings auch, dass die in *(ENTMOD)* gewählte obere Schranke von $255\ km$ gut ist, denn weder für $d_{max} = 280\ km$ noch für $d_{max} = 320\ km$ ergibt sich eine Verbesserung des besten gefundenen Zielfunktionswertes. In diesen beiden Fällen nimmt lediglich die Laufzeit deutlich zu. Im Falle $d_{max} = 320\ km$ wurde Gurobi sogar nach knapp drei Tagen Laufzeit bei einer Optimalitätslücke von 3,13 % gestoppt. Hier kann also, im Gegensatz zu den anderen in Abbildung 37 dargestellten Werten für d_{max}, nicht ausgeschlossen werden, dass noch eine bessere Lösung existiert.

Ein Ansatz für weitere Untersuchungen könnte nun darin liegen, als dritten Schritt gleichzeitig die beiden Nebenbedingungen (8*) und (9) zu (8**) und (9*) abzuwandeln.

	190 km	195 km	200 km	230 km	280 km[6]	320 km[7]
Beste gefundene Lösung	infeasible	69452,1 km	68497,4 km	67049,6 km	63806,9 km	63806,9 km
Optimality Gap	−	0,0 %	0,0 %	0,0 %	0,0 %	3,13 %
Laufzeit	0,11 sek	8 sek	111 sek	16290 sek	61802 sek	230150 sek
# Knoten	0	74	1811	51650	207150	289473
Beste Lösung gefunden nach	−	7 sek	100 sek	13267 sek	37441 sek	181724 sek

---

[6] Die Nebenbedingung (11), welche Symmetrien verhindern sollen ist hier eigentlich nicht mehr von vorne herein annehmbar. Zur besseren Vergleichbarkeit wird sie dennoch beibehalten
[7] Hier sind nach Abbildung 30 die Fixierungen (11) und (12) eigentlich nicht mehr zutreffend. Dennoch werden sie zur Vergleichbarkeit mit den Ergebnissen aus Abbildung 31 aufrechterhalten

Anzahl der Variablen nach dem „Presolve"		3287	3532	4177	4887	5335
Anzahl der Nebenbedingungen nach dem „Presolve"		2992	3835	7313	9219	12656

Abbildung 37: Einfluss von d_{max} auf den Zielfunktionswert und die Laufzeit (Die oberste Zeile gibt die gewählten Werte für d_{max} an. Der Wert t_{max} ist in diesem Fall stets 60 Minuten. In der Abbildung grün dargestellte Werte zeigen eine Verbesserung im Vergleich zu den Ergebnissen aus Abbildung 31 an, rot markiert eine Verschlechterung, eigene Darstellung)

5.6.2 Fixierung von Variablen

In diesem und dem darauffolgenden Abschnitt (5.5.3) sollen zwei weitere Wege vorgestellt werden, die eine brauchbare bzw. eine optimale Staffeleinteilung liefern.

5.6.2.1 Vorgehensweise

In diesem Kapitel wird das Modell *(ENTMOD)* erneut verwendet. Darin werden zunächst die Nebenbedingungen (10) bis (13), welche schon Fixierungen vornehmen, fallen gelassen. Das entstehende Modell wird im Folgenden als *(ENTMODNEU)* bezeichnet. Es wird anschließend geschickt versucht, systematisch x −Variablen zu fixieren. Die fixierten Variablen werden dann als zusätzliche Nebenbedingungen in das Modell *(ENTMODNEU)* eingeführt. Um festzustellen, welche Variablen fixiert werden können, betrachtet man die geografische Lage der einzelnen Orte. Ziel ist es, jeden Verein entweder einer Staffel zuzuordnen oder zumindest die Einteilung in einzelne Divisionen auszuschließen. Dazu muss zunächst von einer vorgegebenen Einteilung aus ein „Grenzgebiet" definiert werden.

Definition 5.29: Ein Verein $i \in \mathcal{M}$ der aktuell der Staffel $k \in \mathcal{G}$ zugeordnet ist, liegt im **Grenzgebiet** zwischen den Staffeln k und $\hat{k} \in \mathcal{G}$ ($k \neq \hat{k}$), wenn i von einem Verein $j \in \mathcal{M}$ aus der Staffel $\hat{k}$ weniger als 50 km entfernt ist oder es zwei Vereine in der selben Staffel $\hat{k}$ gibt, von denen i höchstens 60 km entfernt ist.

Liegt nun ein Verein im Grenzgebiet zwischen zwei Staffeln, so soll nur die Einteilung in eine dieser beiden Staffeln möglich sein. Dies bedeutet, dass dieser Verein entweder erneut in seine bisherige Division k eingeteilt wird, oder er wird in die Staffel $\hat{k}$ eingeteilt.

Beispiel 5.30: Der Verein A ist der Staffel 3 zugeteilt und ist von Team B aus Staffel 4 nur $25\ km$ entfernt. Daher liegt A im Grenzgebiet zwischen Staffel 3 und 4. Eine Einteilung in die Divisionen 1, 2 und 5 ist daher nicht möglich. Dies führt zu den Restriktionen:

$$x(1, A) = 0$$
$$x(2, A) = 0$$
$$x(5, A) = 0$$

Beispiel 5.31: Der Verein C spielt aktuell in Staffel 1 und hat von allen Vereinen, die einer anderen Staffel zugeteilt sind, eine Entfernung von mehr als $50\ km$. Daher befindet sich C in keinem Grenzgebiet und wird weiterhin der Staffel 1 zugewiesen. Dies führt zur Nebenbedingung:

$$x(1, C) = 1$$

Bemerkung 5.32: Durch das Fixieren von x −Variablen werden natürlich auch einzelne y − und z −Variablen fixiert. Hierzu betrachte man das nachfolgende Beispiel, welches nur eine der resultierenden Fixierungen darstellt.

Beispiel 5.33: Es gelte $x(3, A) = 1$ und $x(3, D) = 1$. Dann folgt aus (3^*) unmittelbar, dass $y(A, D) = 1$ ist.

Die Grundlage der Fixierungen bildet natürlich eine schon gegebene Gruppeneinteilung. Für die Optimierung wird an dieser Stelle zunächst die aktuelle Einteilung des BFV verwendet, um ein Grenzgebiet zu bestimmen. Anschließend wird der Optimierungsprozess mit den als Nebenbedingungen zum Modell *(ENTMODNEU)* hinzugefügten, fixierten Variablen gestartet. Die aktuell beste gefundene Einteilung wird dann jeweils iterativ durch die Bestimmung eines neuen Grenzgebiets weiter verbessert. Der eben erwähnte Iterationsprozess endet sobald in einer Iteration keine Verbesserung mehr erzielt wird. Dargestellt wird das soeben beschriebene Vorgehen in Algorithmus 2 exakt dargestellt.

Algorithmus 2:

Input: Gegebene Staffeleinteilung und das Modell *(ENTMODNEU)*

Output: Eine zulässige Lösung für **(KWAYRESDIS)** oder die Meldung, dass keine zulässige Lösung gefunden wurde

1. Initialisiere $z_{best} := +\infty$

2. Bestimme als Grundlage ein Grenzgebiet aus einer gegebenen Einteilung und füge die daraus resultierenden Fixierungen dem Modell *(ENTMODNEU)* als Nebenbedingungen hinzu

3. Die Optimierung des um Restriktionen ergänzten Modells *(ENTMODNEU)* mit Gurobi liefert eine zulässige Einteilung mit Zielfunktionswert z_{neu} oder die Meldung, dass es keine zulässige Lösung gibt

4. **IF** es gibt keine zulässige Lösung **THEN** setze $z_{neu} = +\infty$

5. **WHILE** $z_{neu} < z_{best}$ **DO**

    6. Setze $z_{best} := z_{neu}$

    7. Definiere für die in 3. erhaltene neue Staffeleinteilung erneut ein Grenzgebiet nach Definition 5.29 und füge die daraus resultierenden, neuen Fixierungen dem Modell *(ENTMODNEU)* hinzu

    8. Gehe zu 3.

9. **IF** $z_{best} = +\infty$ **THEN** gib die Meldung aus, dass keine zulässige Lösung gefunden wurde

10. **ELSE** gib den besten gefundenen Zielfunktionswert z_{best} und die dazugehörende Staffeleinteilung aus

Bemerkung 5.34: Da zur Definition des Grenzgebiets der BFV-Einteilung der gesamte Lösungsraum stark eingeschränkt wird, kann bei der ersten Iteration in Algorithmus 2 nicht garantiert werden, dass überhaupt eine zulässige Lösung existiert. Wird allerdings bei der ersten Iteration eine zulässige Lösung gefunden, so werden von Algorithmus 2 in allen, bis zum Abbruch des Prozesses, folgenden Iterationen auch nur zulässige Lösungen ausgegeben. Der Grund hierfür ist, dass jeweils aus der Staffeleinteilung der vorangegangen Iteration das neue Grenzgebiet bestimmt wird. Im neu definierten Grenzgebiet ist es theoretisch möglich, dass jedes Team in seiner aktuellen Gruppe bleibt. Daher ist die zulässige Lösung der vorangegangen Iteration weiterhin zulässig. Dies führt dazu, dass in diesem Fall stets eine zulässige Lösung gefunden.

Bemerkung 5.35: In den folgenden Jahren kann man als Grundlage für den Iterationsprozess einfach die Grenzen des Vorjahres verwenden. Die Teams die nicht mehr in der Landesliga spielen werden aus der Landkarte entfernt, die Vereine die neu hinzukommen werden der Landkarte hinzugefügt. Kann hierdurch bei der ersten Iteration in Algorithmus 2 keine zulässige Lösung bestimmt werden, so empfiehlt es sich, eine heuristische Suche wie im Beweis von Theorem 5.17 vorzuschalten und bezüglich dieser zulässigen Einteilung ein Grenzgebiet zu definieren. Dadurch kann sichergestellt werden, dass beim Iterationsprozess in jeder Iteration bis zum Abbruch eine zulässige Lösung gefunden wird.

Bemerkung 5.36: Nach jeder Iteration in Algorithmus 2 ändern sich die zum Modell *(ENTMODNEU)* hinzugefügten Nebenbedingungen. Dies bedeutet, dass die Restriktionen der vorangegangenen Iteration entfernt werden und das Modell *(ENTMODNEU)* um die durch das neue Grenzgebiet erhaltenen, neuen Nebenbedingungen ergänzt wird.

Satz 5.37: Der Zielfunktionswert in Algorithmus 2 (sofern in der ersten Iteration eine zulässige Lösung gefunden wird) wird bei keiner Iteration schlechter.

Beweis: Die Einteilung der vorangegangenen Iteration bildet die Grundlage zur Definition des neuen Grenzgebietes. Daher ist die Einteilung der vorangegangenen Iteration auch bei der aktuellen Iteration durch das neu gewählte Grenzgebiet zulässig. Deshalb gilt im schlechtesten Fall, dass der minimale Zielfunktionswert der vorherigen Iteration erneut als neues Minimum ausgegeben wird:

$$z_{best} = z_{neu}$$

An dieser Stelle ist dann die **WHILE**-Bedingung nicht mehr erfüllt und der Iterationsprozess wird abgebrochen. ∎

5.6.2.2 Ergebnisse

In den nun folgenden Ausführungen werden die erzielten Ergebnisse des eben vorgestellten Vorgehens präsentiert. Die nachfolgende Tabelle gibt eine Übersicht über die Einordnung der Teams in Grenzgebiete bei jeder einzelnen Iteration. Zusätzlich wird die Staffeleinteilung jeder Mannschaft nach jeder Iteration dargestellt. Als Ausgangseinteilung wurde die aktuelle BFV-Einteilung verwendet.

Team	Einteilung BVF 0.Iteration	Variablenfixierung (VF) für die 1.Iteration	Einteilung nach der 1. Iteration	VF für die 2. Iteration	Einteilung nach der 2. Iteration
1	1	$x(1,1) = 1$	1	$x(1,1) = 1$	1
2	1	$x(1,2) = 1$	1	$x(1,2) = 1$	1
3	1	$x(1,3) = 1$	1	$x(1,3) = 1$	1
4	1	$x(1,4) = 1$	1	$x(1,4) = 1$	1
5	1	$x(3,5) = 0$ $x(4,5) = 0$ $x(5,5) = 0$	1	$x(3,5) = 0$ $x(4,5) = 0$ $x(5,5) = 0$	1
6	1	$x(3,6) = 0$ $x(4,6) = 0$ $x(5,6) = 0$	1	$x(3,6) = 0$ $x(4,6) = 0$ $x(5,6) = 0$	1
7	1	$x(1,7) = 1$	1	$x(1,7) = 1$	1
8	1	$x(1,8) = 1$	1	$x(1,8) = 1$	1
9	1	$x(1,9) = 1$	1	$x(1,9) = 1$	1
10	1	$x(1,10) = 1$	1	$x(1,10) = 1$	1
11	1	$x(1,11) = 1$	1	$x(1,11) = 1$	1
12	1	$x(3,12) = 0$ $x(4,12) = 0$ $x(5,12) = 0$	2	$x(3,12) = 0$ $x(4,12) = 0$ $x(5,12) = 0$	2
13	1	$x(3,13) = 0$ $x(4,13) = 0$ $x(5,13) = 0$	1	$x(3,13) = 0$ $x(4,13) = 0$ $x(5,13) = 0$	1
14	1	$x(1,14) = 1$	1	$x(1,14) = 1$	1
15	1	$x(3,15) = 0$ $x(4,15) = 0$ $x(5,15) = 0$	1	$x(3,15) = 0$ $x(4,15) = 0$ $x(5,15) = 0$	1
16	1	$x(1,16) = 1$	1	$r(1,16) = 1$	1
17	1	$x(3,17) = 0$ $x(4,17) = 0$	1	$x(3,17) = 0$ $x(4,17) = 0$ $x(5,17) = 0$	1

18	1	$x(3,18) = 0$	1	$x(3,18) = 0$	1
		$x(4,18) = 0$		$x(4,18) = 0$	
		$x(5,18) = 0$		$x(5,18) = 0$	
19	2	$x(2,19) = 1$	2	$x(2,19) = 1$	2
20	2	$x(3,20) = 0$	2	$x(2,20) = 1$	2
		$x(4,20) = 0$			
		$x(5,20) = 0$			
21	2	$x(2,21) = 1$	2	$x(1,21) = 0$	2
				$x(4,21) = 0$	
				$x(5,21) = 0$	
22	2	$x(2,22) = 1$	2	$x(1,22) = 0$	2
				$x(4,22) = 0$	
				$x(5,22) = 0$	
23	2	$x(2,23) = 1$	2	$x(1,23) = 0$	2
				$x(4,23) = 0$	
				$x(5,23) = 0$	
24	2	$x(2,24) = 1$	2	$x(1,24) = 0$	2
				$x(4,24) = 0$	
				$x(5,24) = 0$	
25	2	$x(1,25) = 0$	3	$x(1,25) = 0$	3
		$x(4,25) = 0$		$x(4,25) = 0$	
		$x(5,25) = 0$		$x(5,25) = 0$	
26	2	$x(1,26) = 0$	3	$x(1,26) = 0$	3
		$x(4,26) = 0$		$x(4,26) = 0$	
		$x(5,26) = 0$		$x(5,26) = 0$	
27	2	$x(3,27) = 0$	2	$x(3,27) = 0$	2
		$x(4,27) = 0$		$x(4,27) = 0$	
		$x(5,27) = 0$		$x(5,27) = 0$	
28	2	$x(3,28) = 0$	2	$x(3,28) = 0$	2
		$x(4,28) = 0$		$x(4,28) = 0$	
		$x(5,28) = 0$		$x(5,28) = 0$	
29	2	$x(3,29) = 0$	2	$x(3,29) = 0$	2
		$x(4,29) = 0$		$x(4,29) = 0$	
		$x(5,29) = 0$		$x(5,29) = 0$	

30	2	$x(2,30) = 1$	2	$x(1,30) = 0$	2
				$x(4,30) = 0$	
				$x(5,30) = 0$	
31	2	$x(4,31) = 0$	2	$x(3,31) = 0$	2
		$x(5,31) = 0$		$x(4,31) = 0$	
				$x(5,31) = 0$	
32	2	$x(4,32) = 0$	2	$x(3,32) = 0$	2
		$x(5,32) = 0$		$x(4,32) = 0$	
				$x(5,32) = 0$	
33	2	$x(4,33) = 0$	2	$x(3,33) = 0$	2
		$x(5,33) = 0$		$x(4,33) = 0$	
				$x(5,33) = 0$	
34	2	$x(4,34) = 0$	2	$x(3,34) = 0$	2
		$x(5,34) = 0$		$x(4,34) = 0$	
				$x(5,34) = 0$	
35	2	$x(4,35) = 0$	2	$x(3,35) = 0$	2
		$x(5,35) = 0$		$x(4,35) = 0$	
				$x(5,35) = 0$	
36	2	$x(4,36) = 0$	2	$x(3,36) = 0$	2
		$x(5,36) = 0$		$x(4,36) = 0$	
				$x(5,36) = 0$	
37	3	$x(1,37) = 0$	3	$x(3,37) = 1$	3
		$x(4,37) = 0$			
		$x(5,37) = 0$			
38	3	$x(1,38) = 0$	3	$x(3,38) = 1$	3
		$x(4,38) = 0$			
		$x(5,38) = 0$			
39	3	$x(4,39) = 0$	2	$x(3,39) = 0$	2
		$x(5,39) = 0$		$x(4,39) = 0$	
				$x(5,39) = 0$	
40	3	$x(3,40) = 1$	3	$r(3,40) = 1$	3
41	3	$x(3,41) = 1$	3	$x(3,41) = 1$	3
42	3	$x(3,42) = 1$	3	$x(3,42) = 1$	3

43	3	$x(3,43) = 1$	3	$x(1,43) = 0$ $x(2,43) = 0$ $x(5,43) = 0$	3
44	3	$x(3,44) = 1$	3	$x(3,44) = 1$	3
45	3	$x(3,45) = 1$	3	$x(3,45) = 1$	3
46	3	$x(3,46) = 1$	3	$x(3,46) = 1$	3
47	3	$x(3,47) = 1$	3	$x(3,47) = 1$	3
48	3	$x(3,48) = 1$	3	$x(3,48) = 1$	3
49	3	$x(3,49) = 1$	3	$x(3,49) = 1$	3
50	3	$x(3,50) = 1$	3	$x(3,50) = 1$	3
51	3	$x(3,51) = 1$	3	$x(3,51) = 1$	3
52	3	$x(1,52) = 0$ $x(2,52) = 0$ $x(5,52) = 0$	3	$x(1,52) = 0$ $x(2,52) = 0$ $x(5,52) = 0$	3
53	3	$x(3,53) = 1$	3	$x(1,53) = 0$ $x(2,53) = 0$ $x(5,53) = 0$	3
54	3	$x(1,54) = 0$ $x(2,54) = 0$ $x(5,54) = 0$	4	$x(1,54) = 0$ $x(2,54) = 0$ $x(5,54) = 0$	4
55	4	$x(4,55) = 1$	4	$x(4,55) = 1$	4
56	4	$x(1,56) = 0$ $x(2,56) = 0$ $x(5,56) = 0$	4	$x(1,56) = 0$ $x(2,56) = 0$ $x(5,56) = 0$	4
57	4	$x(4,57) = 1$	4	$x(4,57) = 1$	4
58	4	$x(4,58) = 1$	4	$x(4,58) = 1$	4
59	4	$x(4,59) = 1$	4	$x(4,59) = 1$	4
60	4	$x(4,60) = 1$	4	$x(4,60) = 1$	4
61	4	$x(4,61) = 1$	4	$x(1,61) = 0$ $x(2,61) = 0$ $x(3,61) = 0$	4
62	4	$x(1,62) = 0$ $x(2,62) = 0$ $x(3,62) = 0$	4	$x(1,62) = 0$ $x(2,62) = 0$ $x(3,62) = 0$	4

63	4	$x(4,63)=1$	4	$x(1,63)=0$	4
				$x(2,63)=0$	
				$x(3,63)=0$	
64	4	$x(4,64)=1$	4	$x(4,64)=1$	4
65	4	$x(4,65)=1$	4	$x(4,65)=1$	4
66	4	$x(1,66)=0$	4	$x(1,66)=0$	4
		$x(2,66)=0$		$x(2,66)=0$	
		$x(3,66)=0$		$x(3,66)=0$	
67	4	$x(1,67)=0$	4	$x(1,67)=0$	4
		$x(2,67)=0$		$x(2,67)=0$	
		$x(3,67)=0$		$x(3,67)=0$	
68	4	$x(4,68)=1$	4	$x(1,68)=0$	4
				$x(2,68)=0$	
				$x(3,68)=0$	
69	4	$x(1,69)=0$	5	$x(1,69)=0$	5
		$x(2,69)=0$		$x(2,69)=0$	
		$x(3,69)=0$		$x(3,69)=0$	
70	4	$x(1,70)=0$	4	$x(1,70)=0$	5
		$x(2,70)=0$		$x(2,70)=0$	
		$x(3,70)=0$		$x(3,70)=0$	
71	4	$x(4,71)=1$	4	$x(1,71)=0$	4
				$x(2,71)=0$	
				$x(3,71)=0$	
72	4	$x(4,72)=1$	4	$x(4,72)=1$	4
73	5	$x(2,73)=0$	1	$x(2,73)=0$	1
		$x(3,73)=0$		$x(3,73)=0$	
		$x(4,73)=0$		$x(4,73)=0$	
74	5	$x(5,74)=1$	5	$x(2,74)=0$	5
				$x(3,74)=0$	
				$x(4,74)=0$	
75	5	$x(5,75)=1$	5	$x(5,75)=1$	5
76	5	$x(5,76)=1$	5	$x(5,76)=1$	5
77	5	$x(5,77)=1$	5	$x(5,77)=1$	5
78	5	$x(5,78)=1$	5	$x(5,78)=1$	5

79	5	$x(1,79) = 0$ $x(2,79) = 0$ $x(3,79) = 0$	5	$x(1,79) = 0$ $x(2,79) = 0$ $x(3,79) = 0$	5
80	5	$x(1,80) = 0$ $x(2,80) = 0$ $x(3,80) = 0$	5	$x(1,80) = 0$ $x(2,80) = 0$ $x(3,80) = 0$	5
81	5	$x(5,81) = 1$	5	$x(5,81) = 1$	5
82	5	$x(5,82) = 1$	5	$x(5,82) = 1$	5
83	5	$x(1,83) = 0$ $x(2,83) = 0$ $x(3,83) = 0$	5	$x(1,83) = 0$ $x(2,83) = 0$ $x(3,83) = 0$	5
84	5	$x(1,84) = 0$ $x(2,84) = 0$ $x(3,84) = 0$	5	$x(1,84) = 0$ $x(2,84) = 0$ $x(3,84) = 0$	5
85	5	$x(5,85) = 1$	5	$x(5,85) = 1$	5
86	5	$x(5,86) = 1$	5	$x(5,86) = 1$	5
87	5	$x(5,87) = 1$	5	$x(5,87) = 1$	5
88	5	$x(5,88) = 1$	5	$x(5,88) = 1$	5
89	5	$x(5,89) = 1$	5	$x(5,89) = 1$	5
90	5	$x(5,90) = 1$	5	$x(5,90) = 1$	5

Abbildung 38: Variablenfixierung und Staffeleinteilung im Iterationsprozess (grün sind jeweils die Veränderung im Vergleich zur Einteilung bzw. Variablenfixierung der vorhergehenden Iteration markiert, eigene Darstellung)

Neben den in Abbildung 38 präsentierten Einteilungen und Variablenfixierungen im Verlaufe des Iterationsprozesses sind selbstverständlich auch die Ergebnisse der einzelnen Iterationen von Bedeutung. Diese werden in Abbildung 39 dargestellt.

	1. Iteration	2. Iteration
Beste gefundene Lösung	$63806,9\ km$	$63806,9\ km$
Optimality Gap	$0,0\ \%$	$0,0\ \%$
Laufzeit	$6\ sek$	$12\ sek$
Untersuchte Knoten	46	116
Beste Lösung wurde gefunden nach	$6\ sek$	$10\ sek$

Abbildung 39: Ergebnisse des Iterationsprozesses (eigene Darstellung)

Wie man den soeben dargestellten Ergebnissen entnehmen kann, wird schon noch einer Iteration in Algorithmus 2 die beste Lösung gefunden. Die zweite Iteration liefert keine Verbesserung mehr, so dass Algorithmus 2 abbricht. Der beste gefundene Zielfunktionswert und die dazugehörende Staffeleinteilung stimmen mit der optimalen Lösung von **(KWAYRESDIS)**, welche in 5.5.1 anhand des Modells *(ENTMOD)* ermittelt wurde, überein.

5.6.2.3 Stärken und Schwächen

In der nachfolgenden Tabelle werden Vor- und Nachteile des Vorgehens aus 5.5.2.1 präsentiert.

Vorteile	*Nachteile*
⊕ In diesem Fall wird eine zulässige Lösung gefunden	⊖ Die Güte der Lösung ist ohne die Lösung von *(ENTMOD)* unbekannt
⊕ Die gefundene Lösung stimmt mit der optimalen Lösung für **(KWAYRESDIS)** überein	⊖ Mit *(ENTMOD)* wird für diesen Ansatz ein Modell verwendet, welches selbst gut lösbar ist
⊕ Die gesamte benötigte Laufzeit ist mit 18 *sek* sehr gering	⊖ Da nur ein Teil des Lösungsraums betrachtet wird, gibt es im Allgemeinen keine Optimalitätsgarantie
⊕ Der Ansatz benutzt geografische Gesichtspunkte, die Gurobi nicht kennt	⊖ Das Finden einer zulässigen Lösung hängt stark von der zu Beginn des Iterationsprozesses ausgewählten Staffeleinteilung ab
	⊖ Wird eine zulässige Lösung gefunden, so hängt der beste ermittelte Zielfunktionswert ebenfalls von der am Anfang gewählten Gruppeneinteilung ab
	⊖ Insgesamt ist dieses Verfahren eher heuristischer Natur
	⊖ Das Grenzgebiet ist nahezu willkürlich definiert
	⊖ Es gibt Vereine, die aufgrund ihrer Lage nie in ein Grenzgebiet gelangen können

Abbildung 40: Stärken und Schwächen des Vorgehens aus 5.5.2.1 (eigene Darstellung)

5.6.3 Hinzufügen verletzter Bedingungen

In Abbildung 40 wurden zahlreiche Schwächen des Vorgehens aus 5.5.2.1 genannt. In diesem Abschnitt soll eine weitere Herangehensweise zur Lösung des Problems **(KWAYRESDIS)** vorgestellt werden.

5.6.3.1 Vorgehensweise

Man betrachtet erneut die modifizierte Modellierung aus Abschnitt 5.5.1. Die Definition der x − und y −Variablen, der Mengen $\mathcal{M}$ und $\mathcal{G}$ sowie die Nebenbedingungen (1), (2), (3*) und (4*) bleiben unverändert:

$$\mathcal{M} = \{1, \dots, 90\}$$
$$\mathcal{G} = \{1, \dots, 5\}$$

$$x(k,i) = \begin{cases} 1 \text{ falls Team } i \in \mathcal{M} \text{ in Staffel } k \in \mathcal{G} \text{ spielt} \\ 0 \qquad\qquad\qquad\qquad\qquad\qquad\quad \text{sonst} \end{cases}$$

$$\sum_{i=1}^{90} x(k,i) = 18 \quad \forall\, k \in \mathcal{G} \quad (1)$$

$$\sum_{k=1}^{5} x(k,i) = 1 \quad \forall\, i \in \mathcal{M} \quad (2)$$

$$y(i,j) = \begin{cases} 1 \text{ falls Mannschaft } i \in \mathcal{M} \text{ ein Spiel gegen Team } j \in \mathcal{M} \text{ bestreitet} \\ 0 \qquad\qquad\qquad\qquad\qquad\qquad\qquad\qquad\qquad\qquad\qquad\; \text{sonst} \end{cases}$$

Für die Indizierung der y −Variablen gilt erneut: $i < j$

$$x(k,i) + x(k,j) \leq 1 + y(i,j) \quad \forall\, i \in \mathcal{M}, \forall\, j \in \mathcal{M}, \forall\, k \in \mathcal{G}\ (i < j) \quad (3^*)$$

$$\sum_{\substack{j=1 \\ i<j}}^{90} y(i,j) + \sum_{\substack{j=1 \\ i>j}}^{90} y(j,i) = 17 \quad \forall\, i \in \mathcal{M} \quad (4^*)$$

An dieser Stelle werden die z −Variablen, welche dafür sorgen sollen, dass eine Einteilung entsteht, bei der keine Mannschaft unter der Woche länger als 60 Minuten fahren muss, und alle Restriktionen, die z −Variablen enthalten, fallen gelassen. Somit kann davon ausgegangen werden, dass man zunächst unzulässige Lösungen erhält.

Die Nebenbedingung (9), welche zu weite Fahrten einzelner Teams verbietet, wird ebenfalls übernommen:

$$c_{ij} \cdot y(i,j) \leq 255 \quad \forall\, i \in \mathcal{M}, \forall\, j \in \mathcal{M}\ (i < j)\ \ (9)$$

Hierbei gibt $c_{ij} \in \mathbb{Q}^+ \ \forall\, i, j \in \mathcal{M}\ (i < j)$, wie schon in den bisherigen Modellen, die Fahrtstrecke zwischen den Orten i und j an. Auch die Restriktionen (10) bis (13), welche Symmetrien in der Lösung ausschließen sollen, bleiben erhalten:

$$x(1,2) = 1 \quad (10)$$
$$x(5,89) = 1 \quad (11)$$
$$x(2,23) = 1 \quad (12)$$
$$x(4,72) = 1 \quad (13)$$

Die Zielfunktion bleibt ebenfalls unverändert:

$$\min \sum_{\substack{j=1}}^{90} \sum_{\substack{i=1 \\ i<j}}^{90} c_{ij} \cdot y(i,j)$$

Bemerkung 5.38: Die soeben beschriebene Modellierung wird im Folgenden als *(VERLMOD)* bezeichnet.

Bemerkung 5.39: Löst man *(VERLMOD)*, so entsteht ein schöner Nebeneffekt: Man erhält die Aufteilung in fünf Staffeln, welche unter der Bedingung, dass keine einfache Fahrt länger als $255\ km$ ist, die kürzeste Gesamtfahrtstrecke aller Teams im Verlauf der ganzen Spielzeit aufweist. Dieses Optimierungsproblem wird im Folgenden **(MINDIS)** genannt.

Anschließend bestimmt man, bei welchen Vereinen die derzeitige Einteilung die 60-Minuten Fahrtzeitbedingungen verletzt. Für diese Teams werden zusätzliche Nebenbedingungen eingeführt, welche dafür sorgen sollen, dass die bisher verletzen Bedingungen im nächsten Iterationsschritt erfüllt werden. Dieses Vorgehen findet so lange statt, bis die erhaltene Lösung zulässig ist. Dargestellt wird dieses Verfahren in Algorithmus 3.

Algorithmus 3:

Input: Das Modell *(VERLMOD)* und die Fahrtzeiten sowie die Fahrtstrecken

Output: optimale Lösung für **(KWAYRESDIS)**

1. Das Lösen des Modells *(VERLMOD)* liefert die fünf paarweise disjunkten Cliquen Q_1, Q_2, Q_3, Q_4 und Q_5

2. **FOR** $k = 1\ to\ 5$ **DO**

    3. **FOR ALL** $i \in Q_k|_{t(u,v)\leq 60}$ bestimme den Knotengrad $\deg(i)$

4. **FOR ALL** i mit $\deg(i) \leq 1$ **DO**

    5. Füge dem aktuellen Modell eine Nebenbedingung der Form $(*)$ hinzu

6. **IF** mindestens eine Nebenbedingung der Form $(*)$ hinzugefügt wurde **DO**

    7. Löse das neu entstehende Modell und gehe mit den aktualisierten Cliquen Q_1, Q_2, Q_3, Q_4, Q_5 zu 2.

8. **ELSE**

    9. Initialisiere Vektor p

    10. **FOR** $k = 1\ to\ 5$

        11. **IF** *(MINWO)* hat eine zulässige Lösung für die Clique Q_k mit den Fahrtzeiten als Kantengewichte **THEN** $p[k] = 1$

        12. **ELSE** setze $p[k] = 0$

    13. **IF** $\sum_{k=1}^{5} p[k] = 5$ **DO**

        14. **FOR** $k = 1\ to\ 5$ **DO**

        15. Gib die Knotenmenge V_k der Clique Q_k als Staffeleinteilung der Staffel k aus

16. **ELSE** füge für alle Q_k mit $p[k] = 0$ Nebenbedingung der Form $(**)$ zum aktuellen Modell hinzu, löse das neu entstehende Modell und gehe zu 2.

Bemerkung 5.40: Durch das Hinzufügen von Restriktionen für verletzte 60-Minuten Bedingungen kann es zu einer Verschlechterung des Zielfunktionswertes aus Bemerkung 5.39 kommen.

Algorithmus 3 bedarf nun einiger Erklärungen. Gestartet wird der Algorithmus mit der Lösung des Modells *(VERLMOD)*. Die optimale Lösung dieses Modells ist nicht zwangsläufig zulässig für **(KWAYRESDIS)**, liefert allerdings eine Einteilung in fünf Staffeln. Wie bereits in Beispiel 2.30 erwähnt, sind die Staffeln $k \in \mathcal{G}$ graphentheoretisch als Cliquen $Q_k = (V_k, E_k)$ $(k \in \mathcal{G})$ mit $|V_k| = 18$ $\forall\, k \in \mathcal{G}$ aufzufassen, denn jedes Team kann zu jedem anderen Team gelangen. Der Graph $Q_k|_{t(u,v) \leq 60}$ beschreibt hierbei den Graphen, den man erhält, wenn die Kanten der jeweiligen Clique mit den Fahrtzeiten gewichtet werden und alle Kanten mit einem Gewicht von mehr als 60 Minuten entfernt werden. Gibt es nun in der aktuellen Einteilung einen Knoten, der auf dem Graphen $Q_k|_{t(u,v) \leq 60}$ maximal Grad 1 hat, so kann diese Lösung nicht zulässig sein. Der Grund hierfür ist, dass für das Team, welches dieser Knoten repräsentiert, keine zwei Spieltage konstruiert werden können, an denen dieses Team Gegner zugeteilt bekommt, die höchstens eine Stunde entfernt liegen. Es wird jeweils die komplette aktuelle Einteilung, also die fünf paarweise disjunkten Cliquen, durchsucht und bei allen Knoten mit einem Grad von höchstens 1 fügt man dem aktuellen Modell eine Nebenbedingung hinzu, die dafür sorgen soll, dass im nächsten Iterationsschritt an dieser Stelle keine Verletzung mehr vorliegt. Als Restriktion eignet sich dafür:

$$\sum_{\substack{j \in N_i \\ i<j}} y(i,j) + \sum_{\substack{j \in N_i \\ i>j}} y(j,i) \geq 2 \quad (*)$$

In dieser Restriktion beschreibt $i \in \{1, \dots, 90\}$ den Knoten (das Team) bei dem eine Verletzung vorliegt. Sei Team i der Staffel k zugeteilt. Die Menge N_i enthält alle Mannschaften $j \in \{1, \dots, 90\} \setminus \{i\}$, welche von i höchstens 60 Minuten entfernt sind. Die Menge N_i kann man leicht anhand des Graphen H aus Abbildung 18 bestimmen, denn in N_i sind alle $j \in \{1, \dots, 90\} \setminus \{i\}$ enthalten, die in H adjazent zu i sind. Insbesondere enthält N_i demnach auch Teams, die derzeit anderen Staffeln zugeordnet sind. Eine solche zusätzliche Nebenbedingung wird in jedem Iterationsschritt für jeden Verein, bei dem eine Verletzung vorliegt, eingeführt. Einmal eingeführte Nebenbedingungen bleiben dem Modell natürlich erhalten. Dies bedeutet, dass eine Nebenbedingung, die einmal hinzugefügt wurde, nicht mehr entfernt wird.

Bemerkung 5.41: Der Begriff „*neu entstehendes Modell*" bezeichnet in Algorithmus 3 das Modell, welches im aktuellen Iterationsschritt aus dem „*aktuellen Modell*" durch Hinzufügen der zusätzlichen Restriktionen entsteht. Das „*aktuelle Modell*" ist das binäre Programm, welches der vorangegangene Iterationsschritt geliefert hat. Beim ersten Iterationsschritt stellt

(VERLMOD) das „*aktuelle Modell*" dar. Das „*neu entstehende Modell*" ergibt sich in der ersten Iteration, indem alle sich in diesem Schritt ergebenden Nebenbedingungen der Form (∗) bzw. (∗∗) hinzugefügt werden.

Beispiel 5.41: Das Team 17 hat in seiner derzeitigen Staffel nur einen Gegner (Team 23), der binnen einer Stunde erreichbar ist. In den anderen Staffeln gibt es allerdings noch die Mannschaften 66, 77 und 88, welche höchstens 60 Minuten von 17 entfernt liegen. Dies führt zur Nebenbedingung

$$y(17{,}23) + y(17{,}66) + y(17{,}77) + y(17{,}88) \geq 2$$

Satz 5.42: Das Hinzufügen von Nebenbedingungen der Form (∗) ist notwendig aber nicht hinreichend zur Bestimmung einer zulässigen Lösung für **(KWAYRESDIS)**.

Beweis: Durch das Hinzufügen von Restriktionen der Form (∗) wird sichergestellt, dass ein Team, welches bisher nur einen Gegner in seiner Staffel hat, der die Wochentagsrestriktionen erfüllt, in den nächsten Iterationsschritten mindestens zwei solche Gegner in seiner Gruppe vorfindet. Daher sind diese Bedingungen notwendig. Sie sind allerdings nicht hinreichend. Hierzu betrachte man den Zyklus der Länge 5 aus Abbildung 41.

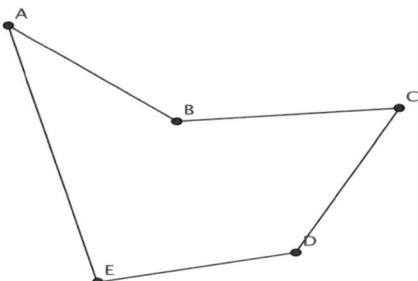

Abbildung 41: Kreis der Länge 5 (eigene Darstellung mit GeoGebra)

In dieser Abbildung hat zwar jeder Knoten Grad 2, jedoch können keine zwei perfekten disjunkten Matchings gefunden werden. Dies gilt für alle ungeraden Kreise. Gibt es in der aktuellen Einteilung einen Graphen $Q_k|_{t(u,v)\leq 60}$ ($k \in 1, \dots 5$), der beispielsweise einen ungeraden Zyklus C (wie in Abbildung 40) enthält, von dem keine Kante zu einem Knoten in $Q_k|_{t(u,v)\leq 60} \setminus \{C\}$ führt, so kann in diesem Fall auch nicht allen Mannschaften garantiert werden, dass sie an den beiden Spieltagen unter der Woche passende Gegner erhalten. Man vergleiche hierzu Abbildung 42. ∎

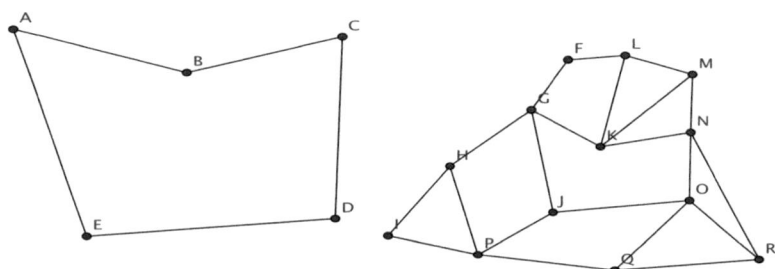

Abbildung 42: Graph $Q_i|_{t(u,v)\leq 60}$ bei dem jeder Knoten v einen Grad $\deg(v) \geq 2$ hat und auf dem dennoch keine zwei perfekten disjunkten Matchings gefunden werden können (eigene Darstellung mit GeoGebra)

Wird bei einer Iteration in Schritt 5 keine Nebenbedingung eingeführt, so gelangt man im Algorithmus in den ELSE-Abschnitt (8.). Dort wird überprüft, ob die derzeitige Einteilung zulässig ist, oder ob Verletzungen wie im Beweis von Satz 5.42 vorliegen. Die Zulässigkeit wird für alle fünf Divisionen einzeln anhand des Modells *(MINWO)* untersucht, welches nun dargestellt werden soll:

Zur Modellierung von *(MINWO)* werden zunächst wieder die benötigten Mengen definiert. Die Menge

$$\mathcal{M}^* \subset \mathcal{M} = \{1, \dots, 90\} \text{ mit } |\mathcal{M}^*| = 18$$

gibt alle Mannschaften in der betrachteten Staffel an. Man beachte hierbei, dass keine Nummerierung von 1 bis 18 vorliegt. $\mathcal{M}^*$ ist eine Teilmenge von $\mathcal{M}$ und enthält genau 18 Elemente. Die Menge

$$S = \{1, 2\}$$

stellt erneut die beiden Spieltage, deren Existenz garantiert werden soll, dar. Zusätzlich erfordert die Modellierung eine binäre Variable h:

$$h(i,j,s) = \begin{cases} 1 \text{ falls Team } i \in \mathcal{M}^* \text{ gegen } j \in \mathcal{M}^* \text{ an Spieltag } s \in \mathcal{S} \text{ spielt} \\ 0 \hspace{7cm} \text{sonst} \end{cases}$$

Für die Definition der h −Variablen gilt analog zu den y − und z −Variablen von oben:

$$i < j$$

Jede Mannschaft spielt an jedem der beiden Spieltage genau ein Mal (vgl. [BRI08, S.7]):

$$\sum_{\substack{j \in \mathcal{M}^* \\ i<j}} h(i,j,s) + \sum_{\substack{j \in \mathcal{M}^* \\ i>j}} h(j,i,s) = 1 \quad \forall\, i \in \mathcal{M}^*, \forall\, s \in \mathcal{S} \quad (N1)$$

Jedes Spiel darf auch hier nur höchstens ein Mal angesetzt werden (angelehnt an [BRI08, S.7]):

$$\sum_{s=1}^{2} h(i,j,s) \leq 1 \quad \forall\, i \in \mathcal{M}^*, \forall\, j \in \mathcal{M}^* \; (i < j) \quad (N2)$$

Die Fahrtzeit an den beiden Spieltagen darf bei jeder Partie höchstens 60 Minuten betragen:

$$t_{ij} \cdot h(i,j,s) \leq 60 \quad \forall\, i \in \mathcal{M}^*, \forall\, j \in \mathcal{M}^*, \forall\, s \in \mathcal{S} \; (i < j) \quad (N3)$$

Hierbei bezeichnet $t_{ij} \in \mathbb{N}$ erneut die Fahrtzeit von Spielort $i \in \mathcal{M}^*$ zu Spielort $j \in \mathcal{M}^*$. Prinzipiell ist in diesem Modell nur von Bedeutung, ob das soeben beschriebene Polyeder einen zulässigen Punkt enthält. Zur Vervollständigung soll trotzdem eine sinnvolle Zielfunktion angegeben werden:

$$\min \sum_{\substack{i \in \mathcal{M}^* \\ i < j}} \sum_{j \in \mathcal{M}^*} \sum_{s=1}^{2} t_{ij} \cdot h(i,j,s)$$

An dieser Stelle soll kurz die graphentheoretische Bedeutung von *(MINWO)* erörtert werden. Die Eingabe ist im Grunde genommen zunächst eine Clique mit den Fahrtzeiten als Kantengewichte, denn jedes Team kann jedes andere Team seiner Staffel erreichen. Restriktion $(N3)$ schließt Kanten mit einem Gewicht von mehr als 60 aus. Anhand der Nebenbedingungen $(N1)$ und $(N2)$ werden schließlich zwei disjunkte perfekte Matchings bestimmt. *(MINWO)* ist demnach nur ein binäres Programm, welches zur Bestimmung von zwei disjunkten perfekten Matchings dienen soll.

Gibt Algorithmus 3 für alle fünf Staffeln beim Modell *(MINWO)* eine zulässige Lösung aus, so hat man eine optimale Lösung gefunden. Andernfalls liegt in den Staffeln, in denen *(MINWO)* keine zulässige Lösung liefert, eine Verletzung vor (vgl. z.B. Abbildung 42). Aus Theorem 5.17 ist bekannt, dass eine zulässige Lösung existiert. Eine Staffel, bei der eine Verletzung vorliegt, kann aber nicht zu einer zulässigen Lösung führen. Demnach muss also mindestens ein Team aus dieser Staffel entfernt werden und dafür ein anderer Verein in diese Gruppe eingeteilt werden. Dies führt zur zusätzlichen Nebenbedingung:

$$\sum_{i \in Q_k} x(k,i) \leq 17 \quad (**)$$

Diese Restriktion besagt, dass von den aktuell 18 in Staffel k spielenden Mannschaften im nächsten Iterationsschritt nur noch höchstens 17 in dieser Gruppe sein dürfen. Wie sich in den nachfolgenden Ergebnissen herausstellen wird, wird eine Nebenbedingung dieser Art im Iterationsprozess kein einziges Mal benötigt.

5.6.3.2 Ergebnisse

In diesem Abschnitt sollen die Ergebnisse des Iterationsprozesses vorgestellt werden.

	1. Iteration	2. Iteration	3.Iteration
Verletzung liegt bei diesen Teams vor	SpVgg Ansbach (17)	Spfr. Dinkelsbühl (73) TSV Waldkirchen (58)	–
In der nächsten Iteration einzuführende Restriktionen	$(RES1)$	$(RES2)$ $(RES3)$	–
Für diese Iteration zusätzlich hinzugefügte Restriktionen	–	$(RES1)$	$(RES2)$ $(RES3)$
Laufzeit	$7373\ sek$	$39411\ sek$	$22015\ sek$
Optimaler Zielfunktionswert	$63002{,}8\ km$	$63054{,}2\ km$	$63806{,}9\ km$
Optimality Gap	$0{,}0\ \%$	$0{,}0\ \%$	$0{,}0\ \%$
Zulässig für **(KWAYRESDIS)**	$nein$	$nein$	ja[8]

Abbildung 43: Ergebnisse des Vorgehens aus 5.5.3.1 (eigene Darstellung)

Die in Abbildung 43 einzuführenden Restriktionen werden nun der Übersichtlichkeit halber gesondert präsentiert:

(RES1):

$$y(9,17) + y(14,17) + y(17,18) + y(17,31) + y(17,32) + y(17,33) + y(17,34)$$
$$+ y(17,35) + y(17,36) + y(17,39) + y(17,73) \geq 2$$

(RES2):

$$y(14,73) + y(17,73) + y(73,74) \geq 2$$

(RES3):

$$y(53,58) + y(54,58) + y(57,58) \geq 2$$

---

[8] Die Zulässigkeit folgt zusammen mit den Ergebnissen aus Abbildung 44

Die Restriktionen $(RES1), (RES2)$ und $(RES3)$ sind alle Nebenbedingungen der Form (*). Nach der dritten Iteration hat jedes Team mindestens zwei Gegner in seiner Staffel, die in höchstens 60 Minuten erreichbar sind. Die Gruppeneinteilung stimmt zu diesem Zeitpunkt mit der Zuordnung aus Abbildung 32 überein. Mit dieser gelangt man nun in Algorithmus 3 in den ELSE-Abschnitt. Hier wird anhand des Modells *(MINWO)* geprüft, ob in jeder Division auch tatsächlich zwei Spieltage konstruierbar sind, welche die Wochentagsrestriktionen erfüllen. Die von Gurobi gelieferten Resultate sind in Abbildung 44 dargestellt.

	Staffel 1	Staffel 2	Staffel 3	Staffel 4	Staffel 5
Laufzeit	0,01 *sek*	0,02 *sek*	0,01 *sek*	0,02 *sek*	0,01 *sek*
Optimaler Zielfunktionswert	632 *min*	435 *min*	485 *min*	645 *min*	556 *min*
Optimality Gap	0,0 %	0,0 %	0,0 %	0,0 %	0,0 %

Abbildung 44: Bestimmung zweier disjunkter perfekter Matchings in den fünf Staffeln (eigene Darstellung)

Es stellt sich also heraus, dass alle fünf Staffeln zwei disjunkte perfekte Matchings besitzen. Daher kann Algorithmus 3 nach der dritten Iteration abbrechen. Der gefundene Zielfunktionswert ist natürlich identisch mit dem aus 5.5.1. Die optimale Staffeleinteilung für **(KWAYRESDIS)** wurde schon in Abbildung 32 präsentiert. In Bemerkung 5.39 wurde als schöner Nebeneffekt dieses Vorgehens geschildert, dass in der ersten Iteration, also mit dem Modell *(VERLMOD)* die Gruppeneinteilung gefunden wird, welche über die gesamte Saison gesehen, die kürzeste Gesamtfahrtstrecke hat. Dabei bleibt zu beachten, dass aus Gründen der Aufwandsbeschränkung für die Teams keine Fahrt weiter als 255 *km* (einfache Strecke) sein soll. Diese „kürzeste" Gruppierung wird in Abbildung 45 vorgestellt.

Staffel	Mannschaften
Nordwest	TuS Frammersbach, FC Viktoria Kahl, SV Garitz, FT Schweinfurt, 1. FC Augsfeld, 1. FC Sand, TSV Karlburg, FC Blau-Weiß Leinach, TSV Lengfeld, ASV Rimpar, Würzburger FV II, DJK Don Bosco Bamberg, SpVgg Stegaurach, FVgg Bayern Kitzingen, TSV Abtswind, TSV Kleinrinderfeld, TSV Neustadt/Aisch, SV Pettstadt
Nordost	SV Friesen, 1. FC Burgkunstadt, TSV Neudrossenfeld, BSC Bayreuth, 1. FC Trogen, SpVgg Oberkotzau, FC Vorw. Röslau, TSV Kirchenlaibach-Speichersdorf, 1. FC Strullendorf, SV Buckenhofen, ASV Pegnitz, ASV Vach, FSV Stadeln, SG Quelle Fürth, TSV Buch, Dergahspor Nürnberg, ASV Veitsbronn-Siegelsdorf, 1. SC Feucht

Mitte	SV Mitterteich, SV Etzenricht, SC Ettmannsdorf, DJK Vilzing, ASV Cham, 1. FC Bad Kötzting, SpVgg Lam, ASV Burglengenfeld, TSV Kareth-Lappersdorf, SV Fortuna Regensburg, FC Tegernheim, VfB Bach, SV Burgweinting, TSV Bad Abbach, SpVgg Ruhmannsfelden, SpVgg GW Deggendorf, 1. FC Passau, TSV Waldkirchen
Südost	TV Schierling, FC Gerolfing, FC Ergolding, TuS 1860 Pfarrkirchen, SV Heberts-felden, SE Freising, TSV Eching, VfB Hallbergmoos, TSV Ampfing, SV Erlbach, TSV Dachau, SC Kirchheim, FC F. Markt Schwaben, TG-Ataspor München, FC Deisenhofen, TuS Holzkirchen, SV Kirchanschöring, SC Fürsten-feldbruck
Südwest	SpVgg Ansbach, Spfr Dinkelsbühl, TSV Nördlingen, FC Gundelfingen, SC Bubesheim, TSV Aindling, TSV Gersthofen, TSV 1862 Friedberg, SV Mering, TSG Thannhausen, FV Illertissen II, SC Oberweikertshofen, TSV Landsberg, FC Memmingen II, TSV Ottobeuren, SpVgg Kaufbeuren, TSV Kottern, VfB Durach

Abbildung 45: Gruppeneinteilung mit der kürzesten möglichen Gesamtfahrtstrecke: Grün markiert sind die Vereine, die im Vergleich zur BFV-Einteilung einer anderen Staffel zugeordnet wurden (eigene Darstellung)

Wie Abbildung 43 zu entnehmen ist, liefert die in Abbildung 45 vorgestellte Einteilung keine zulässige Lösung für **(KWAYRESDIS)**.

5.6.3.3 Stärken und Schwächen

Das soeben vorgestellte Verfahren enthält einige positive Effekte. Insbesondere ist dabei die Lösung der Optimierungsaufgabe **(MINDIS)** durch das Modell *(VERLMOD)* zu nennen. Die dazu gehörende Einteilung hat einen Zielfunktionswert von 63002,8 *km*. Im Vergleich hierzu liegt der Wert der aktuellen BFV-Einteilung bei 63125,7 *km*. Die BFV-Gruppierung ist also um 122,9 *km* schlechter als der oben bestimmte Wert.

Stärken	*Schwächen*
$\oplus$ Die optimale Lösung wird gefunden	$\ominus$ Die insgesamt benötigte Laufzeit[9] ist länger als die in 5.5.1
$\oplus$ Durch das Entfernen der z − Variablen mit allen dazugehörenden Restriktionen wird die Anzahl an Variablen und die Anzahl an Nebenbedingungen reduziert	$\ominus$ Bei anderen Daten könnte es passieren, dass viele Nebenbedingungen der Form (*) ins Modell eingefügt werden müssen.

---

[9] Gesamte Laufzeit: 7373 *sek* + 39411 *sek* + 22015 *sek* + 0,01 *sek* + 0,02 *sek* + 0,01 *sek* + 0,02*sek* + 0,01 *sek* $\approx$ 68799 *sek*

⊕ In der ersten Iteration wird die optimale Lösung für **(MINDIS)** bestimmt	Dadurch könnte es zu einer Vielzahl an Iterationen kommen
	⊖ Im ELSE-Abschnitt könnte es passieren (bei anderen Daten), dass sehr viele Nebenbedingungen der Form (∗∗) hinzugefügt werden müssen, bis eine zulässige Lösung gefunden wird. Somit würden in diesem Fall auch sehr viele Iterationen benötigt

Abbildung 46: Vor- und Nachteile des Vorgehens aus 5.5.3 (eigene Darstellung)

5.7 Optimierung von (KWAYRESTIM)

5.7.1 Modellierung

In diesem Abschnitt soll noch kurz eine andere Sichtweise auf das Problem **(KWAYRES)** ausgeführt werden. Dazu werden die Daten der Fahrtstrecken komplett außer Betracht gelassen. Von Bedeutung sind lediglich die Fahrtzeiten. Bezeichnet wird diese Optimierungsvariante, wie schon in Beispiel 2.30 erwähnt, als **(KWAYRESTIM)**. Angelehnt wird die nun folgende Modellierung in großen Teilen an Abschnitt 5.5.1.

Die Mengen $\mathcal{M}, \mathcal{G}$ und $\mathcal{S}$ seien wie in 5.4 definiert. Und auch die binäre Variable

$$x(k,i) = \begin{cases} 1 \text{ falls Mannschaft } i \in \mathcal{M} \text{ in Staffel } k \in \mathcal{G} \text{ spielt} \\ 0 \qquad\qquad\qquad\qquad\qquad\qquad\qquad \text{ sonst} \end{cases}$$

bleibt unverändert. Daher können die Nebenbedingungen (1) und (2) aus 5.4 auch für **(KWAYRESTIM)** übernommen werden:

$$\sum_{i=1}^{90} x(k,i) = 18 \quad \forall\, k \in \mathcal{G} \quad (1)$$

$$\sum_{k=1}^{5} x(k,i) = 1 \quad \forall\, i \in \mathcal{M} \quad (2)$$

Des Weiteren bleibt auch die Definition der y −Variablen im Vergleich zu 5.5.1 unverändert:

102

$$y(i,j) = \begin{cases} 1 \text{ falls Team } i \in \mathcal{M} \text{ ein Spiel gegen Team } j \in \mathcal{M} \text{ austrägt} \\ 0 \qquad\qquad\qquad\qquad\qquad\qquad\qquad\qquad\qquad\qquad\qquad \text{sonst} \end{cases}$$

Für die y −Variablen soll weiterhin gelten, dass der Index i kleiner ist, als der Index j:

$$i < j$$

Die Restriktionen (3*) und (4*) aus 5.5.1 sind auch hier weiterhin notwendig:

$$x(k,i) + x(k,j) \leq 1 + y(i,j) \quad \forall\, k \in \mathcal{G}, \forall\, i \in \mathcal{M}, \forall\, j \in \mathcal{M}\ (i < j) \quad (3^*)$$

$$\sum_{\substack{j=1 \\ i<j}}^{90} y(i,j) + \sum_{\substack{j=1 \\ i>j}}^{90} y(j,i) = 17 \quad \forall\, i \in \mathcal{M}\ (4^*)$$

Die Restriktion (4*) ist, wie schon bei der modifizierten Modellierung von (KWAYRESDIS), angelehnt an [MIT03, S.687].

Und auch die z −Variablen, sowie die Nebenbedingungen (5*) bis (8*) bleiben für die Modellierung von (KWAYRESTIM) in der gleichen Form wie in 5.5.1 erhalten:

$$z(i,j,s) = \begin{cases} 1 \text{ falls Team } i \in \mathcal{M} \text{ gegen } j \in \mathcal{M} \text{ an Spieltag } s \in \mathcal{S} \text{ spielt} \\ 0 \qquad\qquad\qquad\qquad\qquad\qquad\qquad\qquad\qquad\qquad\qquad \text{sonst} \end{cases}$$

Für die z −Variablen soll erneut $i < j$ gelten.

$$\sum_{\substack{j=1 \\ i<j}}^{90} z(i,j,s) + \sum_{\substack{j=1 \\ i>j}}^{90} z(j,i,s) = 1 \quad \forall\, i \in \mathcal{M}, \forall\, s \in \mathcal{S}\ (5^*)$$

$$z(i,j,s) \leq y(i,j) \quad \forall\, i \in \mathcal{M}, \forall\, j \in \mathcal{M}, \forall\, s \in \mathcal{S}\ (i < j)\ (6^*)$$

$$\sum_{s=1}^{2} z(i,j,s) \leq 1 \quad \forall\, i \in \mathcal{M}, \forall\, j \in \mathcal{M}\ (i < j)\ (7^*)$$

$$t_{ij} \cdot z(i,j,s) \leq 60 \quad \forall\, i \in \mathcal{M}, \forall\, j \in \mathcal{M}, \forall\, s \in \mathcal{S}\ (i < j)\ (8^*)$$

Bislang fanden keine Modifikationen im Vergleich zu 5.5.1 statt. Daher sind hier bislang die Bedeutungen der Restriktionen aus 5.5.1 analog zu übertragen. Bei **(KWAYRESDIS)** wurde festgelegt, dass den Vereinen Fahrten über $255\ km$ einfache Distanz nicht zuzumuten sind. Im nun vorliegenden Problem **(KWAYRESTIM)** werden keine Fahrtstrecken mehr betrachtet. Im nun vorliegenden Fall sollen die Fahrtzeiten (bei einer einfachen Fahrt) nicht zu lange werden. Als Obergrenze wird daher eine Fahrtzeit von $2\frac{1}{2}$ Stunden gewählt. Dies führt zur geänderten Nebenbedingung (9^*):

$$t_{ij} \cdot y(i,j) \leq 150 \quad \forall\, i \in \mathcal{M}, \forall\, j \in \mathcal{M}\ (i < j)\quad (9^*)$$

Hierbei bezeichne wie schon in 5.4 $t_{ij} \in \mathbb{N}$ die Fahrtzeit zwischen den Spielorten i und j in Minuten.

Bemerkung 5.43: Als Obergrenze für eine einfache Fahrt wurden 150 Minuten gewählt. Diese Schranke wurde durch die Betrachtung der Daten gewählt, denn nahezu alle aufgeführten Fahrten, welche nahe am Streckenlimit von $255\ km$ liegen, sind laut **bing** in knapp $150\ min$ fahrbar. Insbesondere wird keine Kante der optimalen Einteilung von **(KWAYRESDIS)** ausgeschlossen, so dass diese Staffeleinteilung wiederum zulässig ist. Insgesamt kann gesagt werden, dass die Höchstgrenze für die Fahrtzeit sehr großzügig bestimmt wurde.

Bemerkung 5.44: Die durch die Nebenbedingung (9^*) getroffene Einschränkung hat keinerlei Auswirkung auf die in Theorem 5.17 beschriebene Existenz einer zulässigen Lösung, denn dadurch wird im Beweis keine Kante mit einem Gewicht von höchstens 60 ausgeschlossen.

Nun soll erneut versucht werden, den Staffeln einen Verein zuzuordnen, damit beim Optimierungsprozess unnötige Symmetrien ausgeschlossen werden können.

	Kahl	Kottern	Kirchanschöring	Trogen
Kahl	–	$188\ min$	$262\ min$	$160\ min$
Kottern	$188\ min$	–	$168\ min$	$209\ min$
Kirchanschöring	$262\ min$	$168\ min$	–	$216\ min$
Trogen	$160\ min$	$209\ min$	$216\ min$	–

Abbildung 47: Auswahl von 4 Teams (eigene Darstellung)

Die Zuordnung zu einer Staffel findet nun geografisch mit Hilfe der in 3.1 festgelegten Nummerierungen statt. Dies führt zu den Nebenbedingungen (10) bis (13), welche identisch zu 5.5.1 sind. Viktoria Kahl (Team – Nummer 2) wird der Staffel Nordwest (Staffel – Nummer 1) zugeteilt:

$$x(1,2) = 1 \quad (10)$$

Der TSV Kottern (89) spielt in der Staffel Südwest (5):

$$x(5,89) = 1 \quad (11)$$

In der Gruppe Nordost (2) tritt der 1.FC Trogen (23) an:

$$x(2,23) = 1 \quad (12)$$

Das verbliebene Team aus Kirchanschöring (72) wird schließlich der Gruppe Südost (4) zugewiesen:

$$x(4,72) = 1 \quad (13)$$

Das Ziel von **(KWAYRESTIM)** ist es, die notwendige Gesamtfahrtzeit im Laufe einer Saison zu minimieren (vgl. [MIT03, S.687]):

$$\min \sum_{j=1}^{90} \sum_{\substack{i=1 \\ i<j}}^{90} t_{ij} \cdot y(i,j)$$

Bemerkung 5.44: Die tatsächlich im Laufe einer Saison zu fahrende Zeit ist das Vierfache des optimalen Zielfunktionswertes, denn in der obigen Modellierung wird jede notwendige Fahrt nur ein Mal gefahren. In einer Saison gibt es aber ein Hin- und ein Rückspiel, weswegen in Wirklichkeit jede Fahrt von jedem Team zwei Mal (Hin- und Rückfahrt) absolviert werden muss.

Bemerkung 5.45: Dieses Modell ist wird in den nachfolgenden Ausführungen als *(FAHRMOD)* bezeichnet.

5.7.2 Ergebnisse

	(KWAYRESTIM)
Anzahl der Variablen nach dem „Presolve"	4757
Anzahl der Nebenbedingungen nach dem „Presolve"	9028
Laufzeit	1555 sek
Bester gefundener Zielfunktionswert	44901 min
Optimale Lösung gefunden nach	768 sek
Beste Schranke	44901 min
Optimality Gap	0,0 %
Untersuchte Knoten	6647

Abbildung 48: Von Gurobi gelieferte Ergebnisse für **(KWAYRESTIM)** bei Einsatz des Modells *(FAHRMOD)* (eigene Darstellung)

Wie man Abbildung 48 entnehmen kann, findet Gurobi nach knapp 13 Minuten die optimale Lösung für das Problem **(KWAYRESTIM)**. Insgesamt werden für den Iterationsprozess rund 26 Minuten benötigt. Nach Bemerkung 5.44 beträgt die Gesamtfahrzeit aller Vereine während der Spielzeit 2013/14 179604 min. Die von Gurobi gelieferte optimale Einteilung und die Unterschiede im Vergleich zur BFV-Einteilung sind in den Abbildungen 49 und 50 dargestellt.

Es sei an dieser Stelle noch angemerkt, dass zwischen den optimalen Einteilungen der Varianten **(KWAYRESTIM)** und **(KWAYRESDIS)** ein einziger Unterschied existiert. Während bei der optimalen Staffeleinteilung des Problems **(KWAYRESDIS)** der TSV Kirchenlaibach-Speichersdorf der Landesliga Mitte zugeteilt ist und die SpVgg Oberkotzau in der Landesliga Nordost spielt, ist die Zuordnung dieser beiden Teams bei der Optimierungsaufgabe **(KWAYRESTIM)** genau umgekehrt. Alle anderen Mannschaftseinteilungen der beiden Optimierungsvarianten sind identisch. Dies war bei einer genaueren Betrachtung der Fahrtstrecken und Fahrtzeiten auch so zu erwarten, denn dividiert man bei jeder einzelnen Strecke diese beiden Werte durcheinander, so ergibt sich oftmals ein sehr ähnlicher Wert. Auffällige viele Abweichungen von diesem Quotienten gibt es vor allem bei den Vereinen die durch ihre autobahnnahe geografische Lage größere Distanzen in kürzerer Zeit bereisen können. Hierzu zählt auch die SpVgg Oberkotzau, die deshalb statt dem TSV Kirchenlaibach-Speichersdorf, der nicht unmittelbar an einer Autobahn liegt, in die Staffel Mitte eingeteilt wird. Man vergleiche hierzu nochmals Abbildung 8.

Staffel	Mannschaften
Nordwest	TuS Frammersbach, Viktoria Kahl, SV Garitz, FT Schweinfurt, 1.FC Augsfeld, 1.FC Sand, TSV Karlburg, FC Blau-Weiß Leinach, TSV Lengfeld, ASV Rimpar, Würzburger FV II, SpVgg Stegaurach, Bayern Kitzingen, TSV Abtswind, TSV Kleinrinderfeld, SpVgg Ansbach, TSV Neustadt/Aisch, Spfr. Dinkelsbühl
Nordost	DJK Don Bosco Bamberg, SV Friesen, 1.FC Burgkunstadt, TSV Neudrossenfeld, BSC Bayreuth, 1.FC Trogen, TSV Kirchenlaibach-Speichersdorf, 1.FC Strullendorf, SV Pettstadt, SV Buckenhofen, ASV Pegnitz, ASV Vach, FSV Stadeln, SG Quelle Fürth, TSV Buch, Dergahspor Nürnberg, ASV Veitsbronn-Siegelsdorf, 1.SC Feucht
Mitte	SpVgg Oberkotzau, Vorwärts Röslau, SV Mitterteich, SV Etzenricht, SC Ettmannsdorf, DJK Vilzing, ASV Cham, 1.FC Bad Kötzting, SpVgg Lam, ASV Burglengenfeld, TSV Kareth-Lappersdorf, SV Fortuna Regensburg, FC Tegernheim, VFB Bach, SV Burgweinting, TSV Bad Abbach, TV Schierling, SpVgg Ruhmannsfelden
Südost	SpVgg Deggendorf, FC Gerolfing, FC Ergolding, 1.FC Passau, TSV Waldkirchen, TuS Pfarrkirchen, SV Hebertsfelden, SE Freising, TSV Eching, VfB Hallbergmoos, TSV Ampfing, SV Erlbach, TSV Dachau, SC Kirchheim, FC Falke Markt Schwaben, FC Deisenhofen, TuS Holzkirchen, SV Kirchanschöring
Südwest	TG Ataspor München, TSV Nördlingen, FC Gundelfingen, SC Bubesheim, TSV Aindling, TSV Gersthofen, TSV 1862 Friedberg, SV Mering, TSG Thannhausen, FV Illertissen II, SC Oberweikertshofen, SC Fürstenfeldbruck, TSV Landsberg, FC Memmingen II, TSV Ottobeuren, SpVgg Kaufbeuren, TSV Kottern, VfB Durach

Abbildung 49: Optimale Einteilung des Problems **(KWAYRESTIM)**: In grün sind die Teams markiert, die im Vergleich zur BFV-Einteilung einer anderen Staffel zugeteilt sind (eigene Darstellung)

Team	BFV Einteilung	Optimale Einteilung (KWAYRESTIM)
Spfr. Dinkelsbühl	Südwest	Nordwest
DJK Don Bosco Bamberg	Nordwest	Nordost
1. SC Feucht	Mitte	Nordost
Vorwärts Röslau	Nordost	Mitte
SpVgg Oberkotzau	Nordost	Mitte
SpVgg Deggendorf	Mitte	Südost
TG Ataspor München	Südost	Südwest

Abbildung 50: Unterschiede zwischen der BFV-Einteilung und der optimalen Einteilung des Problems **(KWAYRESTIM)** (eigene Darstellung)

5.7.3 Das Problem (MINTIM)

Ursprünglich war dieses Kapitel bei dieser Ausarbeitung nicht vorgesehen und richtet sich auch nur an den interessierten Leser. Berechnet wird die kürzeste Gesamtfahrtzeit, welche im Laufe der Saison, ohne Beachtung der Wochentagsrestriktionen möglich ist. Diese Optimierungsaufgabe wird als **(MINTIM)** bezeichnet.

Man betrachtet hierzu die Modellierung aus Abschnitt 5.6.1. Dabei bleibt die Definition der $x-$ und $y-$Variablen und der Mengen $\mathcal{M}$ und $\mathcal{G}$ unverändert. Des Weiteren bleiben die Nebenbedingungen (1), (2), (3*) und (4*) erhalten:

$$\mathcal{M} = \{1, \dots, 90\}$$
$$\mathcal{G} = \{1, \dots, 5\}$$

$$x(k, i) = \begin{cases} 1 \text{ falls Team } i \in \mathcal{M} \text{ in Staffel } k \in \mathcal{G} \text{ spielt} \\ 0 \qquad\qquad\qquad\qquad\qquad\qquad\qquad \text{sonst} \end{cases}$$

$$\sum_{i=1}^{90} x(k, i) = 18 \quad \forall\, k \in \mathcal{G} \quad (1)$$

$$\sum_{k=1}^{5} x(k, i) = 1 \quad \forall\, i \in \mathcal{M} \quad (2)$$

$$y(i, j) = \begin{cases} 1 \text{ falls Mannschaft } i \in \mathcal{M} \text{ ein Spiel gegen Team } j \in \mathcal{M} \text{ bestreitet} \\ 0 \qquad\qquad\qquad\qquad\qquad\qquad\qquad\qquad\qquad\qquad\qquad \text{sonst} \end{cases}$$

Für die Indizierung der y −Variablen gelte erneut: $i < j$

$$x(k,i) + x(k,j) \leq 1 + y(i,j) \quad \forall\, i \in \mathcal{M}, \forall\, j \in \mathcal{M}, \forall\, k \in \mathcal{G}\ (i < j) \quad (3^*)$$

$$\sum_{\substack{j=1 \\ i<j}}^{90} y(i,j) + \sum_{\substack{j=1 \\ i>j}}^{90} y(j,i) = 17 \quad \forall\, i \in \mathcal{M} \quad (4^*)$$

An dieser Stelle werden die z −Variablen, welche dafür sorgen sollen, dass eine Einteilung entsteht, bei der keine Mannschaft unter der Woche länger als 60 Minuten fahren muss, und alle Restriktionen, die z −Variablen enthalten, fallen gelassen. Im Gegensatz dazu wird die Nebenbedingung (9^*), welche zu lange Fahrtzeiten verhindern soll, erneut benötigt:

$$t_{ij} \cdot y(i,j) \leq 150 \quad \forall\, i \in \mathcal{M}, \forall\, j \in \mathcal{M}\ (i < j) \quad (9^*)$$

Hierbei gibt $t_{ij} \in \mathbb{N}\ \forall\, i,j \in \mathcal{M}\ (i < j)$, wie schon in den obigen Modellen, die Fahrtzeit zwischen den Orten i und j an. Auch die Restriktionen (10) bis (13), welche Symmetrien in der Lösung ausschließen sollen, bleiben erhalten (vgl. Abbildung 47):

$$x(1,2) = 1 \quad (10)$$
$$x(5,89) = 1 \quad (11)$$
$$x(2,23) = 1 \quad (12)$$
$$x(4,72) = 1 \quad (13)$$

Ebenfalls unverändert bleibt die Zielfunktion:

$$\min \sum_{\substack{j=1}}^{90} \sum_{\substack{i=1 \\ i<j}}^{90} t_{ij} \cdot y(i,j)$$

Die Ergebnisse für (MINTIM) werden in den nachfolgenden Abbildungen 51 und 52 vorgestellt.

	(MINTIM)
Anzahl der Variablen nach dem „Presolve"	3490
Anzahl der Nebenbedingungen nach dem „Presolve"	8218
Laufzeit	$2346\,sek$
Bester gefundener Zielfunktionswert	$44726\,min$
Optimale Lösung gefunden nach	$628\,sek$
Beste Schranke	$44726\,min$
Optimality Gap	$0,0\,\%$
Untersuchte Knoten	10513

Abbildung 51: Von Gurobi gelieferte Ergebnisse für **(MINTIM)** (eigene Darstellung)

Bei der Betrachtung der Laufzeit fällt auf, dass zur Optimierung des Problems **(MINTIM)**, welches nach dem „Presolve" noch 3490 binäre Variablen enthält, $2346\,sek$ benötigt werden. Bei der Optimierung von **(KWAYRESTIM)**, welches nach dem „Presolve" 4757 binäre Variablen enthielt, betrug die Laufzeit nur $1555\,sek$. Die beiden Optimierungsprobleme unterschieden sich lediglich durch die $z-$ Variablen und die Nebenbedingungen $(5^*), (6^*), (7^*)$ und (8^*), welche bei **(MINTIM)** nicht vorhanden sind. Scheinbar entsteht durch das Hinzufügen dieser Restriktionen und der $z-$Variablen zum Problem **(MINTIM)** eine – zumindest für die gegebenen Daten – schneller lösbare Optimierungsaufgabe, nämlich **(KWAYRESTIM)**. Man beachte, dass keine analoge Aussage für **(KWAYRESDIS)** und **(MINDIS)** getroffen werden konnte.

Interessanterweise findet im Vergleich zur BFV-Einteilung bei der in Abbildung 52 präsentierten optimalen Staffeleinteilung aus **(MINTIM)** genau ein Tausch statt. Der SC Feucht spielt für Vorwärts Röslau in der Staffel Nordost. Röslau wiederum nimmt den Platz des SC Feucht in der Gruppe Mitte ein.

Staffel	Mannschaften
Nordwest	TuS Frammersbach, Viktoria Kahl, SV Garitz, FT Schweinfurt, 1.FC Augsfeld, 1.FC Sand, TSV Karlburg, FC Blau-Weiß Leinach, TSV Lengfeld, ASV Rimpar, Würzburger FV II, DJK Don Bosco Bamberg, SpVgg Stegaurach, Bayern Kitzingen, TSV Abtswind, TSV Kleinrinderfeld, SpVgg Ansbach, TSV Neustadt/Aisch
Nordost	SV Friesen, 1.FC Burgkunstadt, TSV Neudrossenfeld, BSC Bayreuth, 1.FC Trogen, SpVgg Oberkotzau, TSV Kirchenlaibach-Speichersdorf, 1.FC Strullendorf, SV Pettstadt, SV Buckenhofen, ASV Pegnitz, ASV Vach, FSV Stadeln, SG Quelle Fürth, TSV Buch, Dergahspor Nürnberg, ASV Veitsbronn-Siegelsdorf, 1.SC Feucht
Mitte	Vorwärts Röslau, SV Mitterteich, SV Etzenricht, SC Ettmannsdorf, DJK Vilzing, ASV Cham, 1.FC Bad Kötzting, SpVgg Lam, ASV Burglengenfeld, TSV Kareth-Lappersdorf, SV Fortuna Regensburg, FC Tegernheim, VFB Bach, SV Burgweinting, TSV Bad Abbach, TV Schierling, SpVgg Ruhmannsfelden, SpVgg Deggendorf,
Südost	FC Gerolfing, FC Ergolding, 1.FC Passau, TSV Waldkirchen, TuS Pfarrkirchen, SV Hebertsfelden, SE Freising, TSV Eching, VfB Hallbergmoos, TSV Ampfing, SV Erlbach, TSV Dachau, SC Kirchheim, FC Falke Markt Schwaben, TG Ataspor München, FC Deisenhofen, TuS Holzkirchen, SV Kirchanschöring
Südwest	Spfr. Dinkelsbühl, TSV Nördlingen, FC Gundelfingen, SC Bubesheim, TSV Aindling, TSV Gersthofen, TSV 1862 Friedberg, SV Mering, TSG Thannhausen, FV Illertissen II, SC Oberweikertshofen, SC Fürstenfeldbruck, TSV Landsberg, FC Memmingen II, TSV Ottobeuren, SpVgg Kaufbeuren, TSV Kottern, VfB Durach

Abbildung 52: Optimale Einteilung für das Problem (**MINTIM**): In grün sind die Teams markiert, die im Vergleich zur BFV-Einteilung einer anderen Staffel zugeteilt sind (eigene Darstellung)

5.7.4 Vor- und Nachteile von (KWAYRESTIM) gegenüber (KWAYRESDIS)

Zum Abschluss dieses Kapitels sollen noch die Stärken und Schwächen des Problems (**KWAYRESTIM**) gegenüber der Variante (**KWAYRESDIS**) aufgezeigt werden.

Stärken (**KWAYRESTIM**)	*Schwächen* (**KWAYRESTIM**)
⊕ Optimale Lösung wird gefunden	⊖ Die Fahrtzeiten als Daten liefern größere
⊕ Es werden weniger Daten benötigt, da im Gegensatz zu (**KWAYRESDIS**) die Fahrtstrecken nicht in der Modellierung vorkommen	Unsicherheiten als die Fahrtstrecken, denn oftmals sind die Fahrtzeiten vom aktuellen Verkehr, der Tageszeit oder auch dem Wetter abhängig
⊕ Sehr kurze Laufzeit zur Lösung von (**KWAYRESTIM**) bzw. (**MINTIM**)	⊖ Die durch (**KWAYRESTIM**) gelieferte Einteilung ist nahezu identisch mit der schon aus (**KWAYRESDIS**) bekannten Gruppierung. Daher werden durch (**KWAYRESTIM**) kaum neue Erkenntnisse geliefert

Abbildung 53: Vor- und Nachteile von (**KWAYRESTIM**) (eigene Darstellung)

5.8 Zusammenfassung

Im Verlauf dieses Kapitels wurden unterschiedliche Staffeleinteilungen präsentiert. Zunächst war es das Ziel, die Fahrtstrecken zu minimieren. Hierfür ergab sich bei (**MINDIS**) ein optimaler Wert von $63002,8\ km$. Die aktuelle Einteilung des BFV ist mit $63125,7\ km$ über $100\ km$ länger. Beim Problem (**KWAYRESDIS**) sorgten, im Vergleich zu (**MINDIS**), zusätzliche Nebenbedingungen dafür, dass sich der Zielfunktionswert verschlechterte. Der optimale Wert lag hier bei $63806,9\ km$. Dafür konnte allerdings sichergestellt werden, dass kein Team an einem Wochentag länger als eine Stunde fahren muss. Anschließend wurden nicht mehr die Fahrtstrecken minimiert sondern die Fahrtzeiten. Hierzu lieferte (**MINTIM**) die minimale Gesamtfahrtzeit von $44726\ min$. Betrachtet man die BFV-Gruppierung, so liegt die Fahrtzeit bei $44778\ min$. Wird verlangt, dass die Wochentagsrestriktionen greifen, so beträgt die minimale Gesamtfahrzeit $44901\ min$. Insgesamt zeigt sich demnach, dass durch kleine Verschlechterungen der optimalen Zielfunktionswerte, Divisionsaufteilungen konstruiert werden können, in denen kein Team unter der Woche länger als 60 Minuten fahren muss.

(**MINDIS**)	*BFV*	(**KWAY-RESDIS**)	(**MINTIM**)	*BFV*	(**KWAY-RESTIM**)
$63002,8\ km$	$63125,7\ km$	$63806,9\ km$	$44726\ min$	$44778\ min$	$44901\ min$

Abbildung 54: Darstellung der Zielfunktionswerte im Vergleich zur BFV-Einteilung (in grün geschriebene Werte zeigen Verbesserungen gegenüber der BFV- Einteilung an, in rot geschriebene Verschlechterungen, eigene Darstellung)

5.9 Weitere Forschungsansätze

Während der Ausarbeitung von Kapitel 5 sind einige interessante Aspekte aufgetreten, die in Zukunft noch näher untersucht werden könnten. Zusätzlich soll auch noch eine weitere Idee zur Staffeleinteilung erwähnt werden. Mit dieser wird auch gleich begonnen:

- Es stellt sich die Frage, was die Vereine selbst wollen. Sind sie mit der Optimierung nach **(MINDIS)** bzw. **(MINTIM)** zufrieden oder wollen sie unter der Woche nicht zu lange fahren, so hat diese Arbeit die dazugehörenden Einteilungen vorgestellt. Dies könnte für eine Mehrzahl der Vereine allerdings sekundär sein. Vielleicht wünschen sie sich stattdessen möglichst viele Derbys und nehmen es dafür in Kauf auch einmal länger bzw. weiter zu fahren. Zur Lösung dieses Sachverhalts könnte ebenfalls ein binäres Programm – mit anderen Restriktionen – aufgestellt werden

- Vor Allem im Bereich der Sensitivität könnte man noch einige weitere Untersuchungen vornehmen. In 5.5.1.4 wurde festgestellt, dass eine Erhöhung von t_{max} in Nebenbedingung (8**) auf $70\ min$ zu einer deutlich kürzeren Laufzeit führt, als es bei $t_{max} = 65\ min$ der Fall war. Man könnte versuchen, einen Wert $t_w \in [65; 70]$ zu finden, ab dem die Laufzeit wieder abnimmt.

- Hier kann so dann auch versucht werden, eine Aussage über die Schwierigkeit der Probleme zu treffen: Sind **(KWAYRESDIS)** und **(KWAYRESTIM)** NP-schwer?

- Des Weiteren könnte man, zusätzlich zu den Ausführungen in 5.5.1.4, untersuchen, wie sich Zielfunktionswerte und Laufzeiten verhalten, wenn nicht nur t_{max} oder d_{max} verändert wird, sondern es zu einer Variation von beiden kommt.

- Bei der in 5.5.2 vorgestellten Herangehensweise an das Problem **(KWAYRESDIS)** wird eine Ausgangseinteilung benötigt. Es wäre durchaus interessant, Erkenntnisse über die Anwendbarkeit und die Güte dieses Verfahrens für verschiedene Starteinteilungen zu erhalten.

- Die Sensitivität der Obergrenzen t_{max} wurde bei den Optimierungsaufgaben **(MINDIS)**, **(MINTIM)** und **(KWAYRESTIM)** bislang überhaupt nicht betrachtet. Auch hierzu könnten noch einige Analysen durchgeführt werden. Bei **(MINDIS)** käme zusätzlich noch eine Laufzeit- und Zielfunktionswertuntersuchung für verschiedene Werte von d_{max} in Frage.

- Die Daten der Fahrtzeiten sind, wie erwähnt nicht immer sicher. Es kann hier sehr schnell zu Abweichungen kommen. Dies stellt einen wunderbaren Ansatzpunkt für eine robuste Optimierung dar.

6 Die Spielplanerstellung

6.1 Kapitelübersicht

Dieses Kapitel stellt einen weiteren zentralen Baustein dieser Arbeit dar. Ausgehend von der optimalen Staffeleinteilung (vgl. Abbildung 32) für **(KWAYRESDIS)** wird für jede Division ein Spielplan im gespiegelten DRRT-Format erstellt. Im Verlauf dieses Abschnitts werden dazu verschiedene Verfahren vorgestellt. Um eine „Flut" an unterschiedlichen Spielplänen für jede einzelne Staffel zu vermeiden, wird für jede Gruppe nur eine einzige Methode angewandt. Hauptsächlich beruhen die soeben angesprochenen Verfahren auf einer Modellierung als binäres Programm. Es wird jedoch auch eine andere Vorgehensweisen präsentiert. Insgesamt werden demnach für die fünf Staffel fünf verschiedene Möglichkeiten zur Spielplanerstellung erarbeitet. Jedes der fünf Verfahren wird an genau einer Staffel getestet. Welches Verfahren an welcher Staffel getestet wird ist hierbei rein zufällig. Es sei aber angemerkt, dass jede der vorgestellten Methoden auch auf jede andere Division angewandt werden könnte. Begonnen werden soll dieses Kapitel allerdings zunächst mit einigen theoretischen Grundlagen zu den bereits mehrfach erwähnten „Breaks" und einigen Anmerkungen zur Komplexität des Spielplanerstellungsproblems.

6.2 Theorie der „Breaks"

Nach Definition 2.15 hat eine Mannschaft $i \in L$ an einem Spieltag $s \in S$ ein Break, wenn sie entweder an den Spieltagen $(s-1) \in S$ und $s \in S$ zu Hause spielt oder an den Spieltagen $(s-1) \in S$ und $s \in S$ auswärts antreten muss. Nun stellt sich die Frage, ob es möglich ist, einen Spielplan ohne Breaks zu erstellen.

Satz 6.1: Sei $N \in \mathbb{N}^{>2}$ und sei $N \equiv 0 \bmod 2$. Dann gibt es einen Spielplan im SRRT-Format für N Mannschaften mit $N-2$ Breaks. Dabei hat jedes Team höchstens ein Break (vgl. [DEW81, S.386]). Es ist nicht möglich einen Spielplan im SRRT-Format mit weniger als $N-2$ Breaks zu konstruieren (vgl. [DEW81, S. 382]).

Auf den Beweis dieser Aussagen wird hier verzichtet. Es sei allerdings auf [DEW81, S.382ff.] verwiesen. Die Bedeutung von Satz 6.1 für eine Liga mit 18 Mannschaften ist in Folgerung 6.2 dargestellt:

Folgerung 6.2: In einer Liga mit 18 Mannschaften gibt es einen Spielplan für die Hinrunde mit 16 Breaks. Dies bedeutet auch, dass zwei Teams kein Break haben. Eine analoge Aussage kann auch für die Rückrunde getroffen werden.

Bislang wurde eine Liga mit gerader Mannschaftsanzahl betrachtet. Ist diese allerdings ungerade, so ist ein Spielplan ohne Breaks möglich:

Satz 6.3: Sei $N \in \mathbb{N}^{>2}$ und sei $N \equiv 1 \ mod \ 2$. Dann existiert ein Spielplan im SRRT-Format ohne Breaks (vgl. [DEW81, S.387]).

Auch hierzu soll der Beweis nicht vorgeführt werden. Nachzulesen ist er in [DEW81, S.387]. In Satz 6.1 und Satz 6.3 war stets die Rede von einem SRRT. Sowohl die Hinrunde als auch die Rückrunde stellen solche SRRTs dar. Im Laufe der Saison wird allerdings ein gespiegeltes DRRT ausgetragen. Über die kleinstmögliche Anzahl an Breaks in einem gespiegelten DRRT wird in Satz 6.4 eine Aussage getroffen:

Satz 6.4: Sei $N \in \mathbb{N}^{>2}$ und sei $N \equiv 0 \ mod \ 2$. Dann gibt es einen Spielplan für N Mannschaften im gespiegelten DRRT-Format mit $3N - 6$ Breaks. Es ist nicht möglich einen Spielplan im gespiegelten DRRT-Format mit weniger als $3N - 6$ Breaks zu konstruieren (vgl. [DEW81, S. 388]).

Beweis: Sei $N > 2$ gerade. Der Spielplan im gespiegelten DRRT-Format besteht aus zwei SRRTs, welche nach Satz 6.1 jeweils $N - 2$ Breaks haben. Nun werden vier Fälle unterschieden:

- Fall 1: Eine Mannschaft startet an Spieltag 1 zu Hause und hat im Laufe der Hinrunde ein Break. Dann spielt dieses Team an Spieltag $N - 1$, welcher der letzte Spieltag in der Hinrunde ist, auswärts. Da in der Rückrunde im Vergleich zur Hinrunde nur Heim- und Auswärtsrecht getauscht wird, muss dieses Team an Spieltag N beim Gegner von Spieltag 1 auswärts antreten. Somit spielt dieses Team am Übergang zwischen Hin-und Rückrunde zwei Mal hintereinander auswärts, wodurch ein weiteres Break entsteht.

- Fall 2: Eine Mannschaft startet an Spieltag 1 auswärts und hat im Laufe der Hinrunde ein Break. Dann spielt dieses Team an Spieltag $N - 1$ zu Hause. Da in der Rückrunde im Vergleich zur Hinrunde nur Heim- und Auswärtsrecht getauscht wird, tritt dieses

116

Team an Spieltag N daheim gegen den Gegner von Spieltag 1 an. Somit spielt dieses Team am Übergang zwischen Hin-und Rückrunde zwei Mal nacheinander zu Hause, wodurch ein weiteres Break entsteht.

- Fall 3: Eine Mannschaft startet an Spieltag 1 zu Hause und hat im Laufe der Hinrunde kein Break. Dann spielt dieses Team an Spieltag $N - 1$ zu Hause. Da in der Rückrunde nur Heim- und Auswärtsrecht getauscht wird, muss dieses Team an Spieltag N beim Gegner von Spieltag 1 auswärts antreten. Hier ergibt sich also kein weiteres Break.

- Fall 4: Eine Mannschaft startet an Spieltag 1 auswärts und hat im Laufe der Hinrunde kein Break. Dann spielt dieses Team an Spieltag $N - 1$ auswärts. Da in der Rückrunde nur Heim- und Auswärtsrecht getauscht wird, spielt dieses Team an Spieltag N zu Hause gegen den Gegner von Spieltag 1. Hier ergibt sich also ebenfalls kein weiteres Break.

Da insgesamt $N - 2$ Teams ein Break in der Hinrunde haben, treffen Fall 1 und 2 auch auf $N - 2$ Teams zu. Deshalb entstehen $N - 2$ weitere Breaks in einem gespiegelten DRRT. Insgesamt gibt es also $3 \cdot (N - 2) = 3N - 6$ Breaks (angelehnt an [TRI07, S.8]). ∎

Ein etwas anderer Beweis für Satz 6.4 findet sich in [DEW81, S.389f.]. Folgerung 6.5 stellt einen Bezug zwischen dem Problem dieser Arbeit und Satz 6.4 her.

Folgerung 6.5: In einer Liga mit 18 Teams hat ein Spielplan im gespiegelten DRRT-Format mit minimaler Breakzahl $3 \cdot 18 - 6 = 48$ Breaks. Zwei Teams haben kein Break und 16 Vereine haben im Laufe der gesamten Saison jeweils drei Breaks.

Nun bleibt noch die Frage zu beantworten, wie die Breaks auf die Spieltage zu verteilen sind. Eine erste Aussage dazu liefert Lemma 6.6:

Lemma 6.6: Sei $N \in \mathbb{N}^{>2}$ erneut gerade. In einem Spielplan im SRRT-Format für eine Liga mit N Teams mit minimaler Breakzahl gibt es an jedem Spieltag entweder keine Mannschaft, die ein Break hat oder aber zwei Teams, welche jeweils ein Break haben. Davon ist ein Break ein Heimbreak, das Andere ist ein Auswärtsbreak (vgl. [DEW81, S.391]).

Der Beweis zu Lemma 6.6 findet sich in [DEW81, S.391]. Die Breaks treten demnach in SRRT-Spielplänen stets paarweise auf, weswegen in SRRT-Spielplänen mit kleinstmöglicher

Breakzahl $\frac{N-2}{2}$ Spieltage mit Break existieren. Das paarweise Auftreten der Breaks gilt, bis auf eine Ausnahme, auch für gespiegelte DRRT-Spielpläne. Die erwähnte Ausnahme bildet hier der N-te Spieltag (erster Spieltag der Rückrunde), an dem $(N-2)$ Breaks auftreten (vgl. [BAR01, S.118] und den Beweis von Satz 6.4).

Am ersten Spieltag kann per Definition kein Break stattfinden. Ein Break am zweiten Spieltag würde dazu führen, dass ein Team an den Spieltagen $N-1$ bis $N+1$ drei Mal in Folge daheim bzw. auswärts spielt (vgl. Abbildung 12). Auch dies ist nicht wünschenswert. Ein Break am letzten Spieltag der Saison würde zu einem Wettbewerbsvorteil bzw. –nachteil der betroffenen Mannschaft führen, da sie am Saisonende noch zwei Mal zu Hause spielen darf bzw. auswärts antreten muss. Daher ist ein Break schon am letzten Spieltag der Hinrunde verboten. Die möglichen Breaktage b_i $\left(i = 1, ..., \frac{N}{2} - 1 \right)$ in der Hinrunde sind demnach natürliche Zahlen und befinden sich im Intervall $[3, ..., N-2]$. Deshalb ergeben sich für die Aufteilung der $\frac{N-2}{2}$ Breaktage auf die $N-4$ Spieltage der Hinrunde maximal

$$\binom{N-4}{\frac{1}{2}N - 1}$$

Möglichkeiten (angelehnt an [BAR01, S.118]). Von diesen führen allerdings nicht alle zu zulässigen Spielplänen (vgl. [BAR01, S.118]). Sei im Folgenden N stets gerade.

Definition 6.7: Eine Folge von Breaktagen $B = \left(b_1, ..., b_{\frac{N-2}{2}} \right)$ mit $b_1 < b_2 < \cdots < b_{\frac{N-2}{2}}$, anhand derer ein zulässiger Spielplan im SRRT-Format für N Mannschaften mit kleinstmöglicher Breakzahl konstruiert werden kann, wird als **zulässige Breakfolge** bezeichnet.

Lemma 6.8: Jede zulässige Folge $B = \left(b_1, ..., b_{\frac{N-2}{2}} \right)$ von Breaktagen mit $b_1 < b_2 < \cdots < b_{\frac{N-2}{2}}$ erfüllt (vgl. [DEW81, S.391]):

$$b_1 \leq \frac{N}{2} \ \wedge \ b_{\frac{N-2}{2}} \geq \frac{N}{2} + 1$$

Den Beweis von Lemma 6.8 findet man in [DEW81, S.392].

Folgerung 6.9: Für $N = 18$ gilt für jede zulässige Folge $B = (b_1, \dots, b_8)$ von Breaktagen mit $b_1 < b_2 < \cdots < b_8$:

$$b_1 \leq 9 \wedge b_8 \geq 10$$

Da die Breaktage ganze Zahlen aus dem Intervall $[3, \dots, 16]$ sein sollen, ist dies für jede Wahl von 8 unterschiedlichen Breaktagen erfüllt.

Ein notwendiges, aber nicht hinreichendes Kriterium für eine Folge von zulässigen Breaktagen liefert Lemma 6.10:

Lemma 6.10: Sei $b_0 = 1$ und $b_{N/2} = N$. Die Übrigen b_i $\left(i = 1, \dots, \frac{N}{2} - 1 \right)$ geben die $\frac{N}{2} - 1$ verschiedenen Breaktage an. Hieraus lässt sich leicht die Folge

$$D = \left(b_1 - b_0, b_2 - b_1, \dots, b_{\frac{N}{2}} - b_{\frac{N-2}{2}} \right)$$

mit

$$3 \leq b_1 < b_2 < \cdots < b_{\frac{N-2}{2}} \leq N - 2$$

bestimmen. Für eine zulässige Folge von Breaktagen gilt (vgl. [DEW88, S.54ff.]):

$$\sum_{i=1}^{n} (b_i - b_{i-1}) = N - 1$$

[DEW88] stellt ein einfaches Verfahren zur Bestimmung zulässiger Breaks vor. Dieses soll im Folgenden dargestellt werden:

Satz 6.11: Sei $N \in \mathbb{N}^{>2}$ und sei $\frac{N}{2}$ eine gerade Zahl. Für eine Liga mit N Mannschaften lässt sich eine zulässige Folge von Breaktagen charakterisieren durch:

$$D = (3,1,3,1, \dots, 3,1,2,1)$$

Auch die zyklischen Permutationen dieser Folge sind zur Bestimmung von Breaktagen zulässig (vgl. [DEW88, S.59ff.]).

Satz 6.12: In der Folge D aus Satz 6.11 kann man das letzte $(3,1)$ − Paar durch ein $(2,2)$ − Paar ersetzen. Man erhält weiterhin eine zulässige Folge von Breaktagen. Des Weiteren ist die Ersetzung mehrerer $(3,1)$ −Paare durch $(2,2)$ −Paare zulässig. Und auch die zyklischen Permutationen dieser Folgen liefern jeweils eine zulässige Folge von Breaktagen (vgl. [DEW88, S.59ff.]).

Auf den Beweis der Sätze 6.11 und 6.12 wird hier verzichtet. Finden kann man diese in [DEW88, S.55ff.]. Im ersten Moment wirken die Aussagen der Sätze 6.11 und 6.12 recht kompliziert. Durch das nachfolgende Beispiel 6.13 soll veranschaulicht werden, dass anhand der beiden Sätze recht einfach zulässige Folgen von Breaktagen konstruiert werden können.

Beispiel 6.13: Gesucht sind zulässige Breaktage für eine Liga mit 12 Mannschaften. Demnach ist $N = 12$. Die Anzahl der benötigten Breaktage ist $\frac{12-2}{2} = 5$. Man initialisiert $b_0 = 1$ und $b_6 = 12$. Für die Folge B ergibt sich bei $N = 12$:

$$D = (b_1 - b_0, b_2 - b_1, \dots, b_6 - b_5)$$

Es werden nun zwei verschiedene Zahlenfolgen für B verwendet, um zulässige Folgen von Breaktagen zu konstruieren.

Satz 6.11 liefert die Zahlenfolge:

$$D = (3,1,3,1,2,1)$$

Hieraus kann man nun rekursiv einfach die Breaktage b_i $\left(i = 1, \dots, \frac{N}{2} - 1\right)$ bestimmen:

$$b_1 - b_0 = b_1 - 1 = 3 \Longrightarrow b_1 = 4$$
$$b_2 - b_1 = b_2 - 4 = 1 \Longrightarrow b_2 = 5$$
$$b_3 - b_2 = b_3 - 5 = 3 \Longrightarrow b_3 = 8$$
$$b_4 - b_3 = b_4 - 8 = 1 \Longrightarrow b_4 = 9$$
$$b_5 - b_4 = b_5 - 9 = 2 \Longrightarrow b_5 = 11$$
$$b_6 - b_5 = 12 - 11 = 1 \quad (w)$$

Aus Satz 6.12 erhält man als weitere Zahlenfolge

$$D = (3,1,2,2,2,1)$$

Und auch hieraus kann man nun rekursiv einfach die Breaktage b_i $\left(i = 1, \dots, \frac{N}{2} - 1\right)$ bestimmen:

$$b_1 - b_0 = b_1 - 1 = 3 \Rightarrow b_1 = 4$$
$$b_2 - b_1 = b_2 - 4 = 1 \Rightarrow b_2 = 5$$
$$b_3 - b_2 = b_3 - 5 = 2 \Rightarrow b_3 = 7$$
$$b_4 - b_3 = b_4 - 7 = 2 \Rightarrow b_4 = 9$$
$$b_5 - b_4 = b_5 - 9 = 2 \Rightarrow b_5 = 11$$
$$b_6 - b_5 = 12 - 11 = 1 \quad (w)$$

Dieses Beispiel ist angelehnt an [BAR01, S.120].

Bemerkung 6.14: Anhand des oben beschriebenen Vorgehens mit Hilfe der Sätze 6.11 und 6.12 können nicht alle zulässigen Kombinationen von Breaktagen erzeugt werden (vgl. [BAR01, S.120]).

Bemerkung 6.15: Für $\frac{N}{2} \equiv 1 \; mod \; 2$ gelten die oben beschriebenen Folgen nur eingeschränkt (vgl. [DEW88, S.59ff.]). Dies ist problematisch, da im vorliegenden Fall gilt:

$$N = 18 \text{ und somit } \frac{18}{2} = 9 \equiv 1 \; mod \; 2$$

Jedoch liefert der nachfolgende Satz 6.16 auch für den Fall, dass $\frac{N}{2}$ ungerade ist, zulässige Breakfolgen:

Satz 6.16: Eine Folge $B = \left(b_1, \dots, b_{\frac{N-2}{2}}\right)$ von Breaktagen ist zulässig für eine Liga mit N Mannschaften, wenn gilt (vgl. [DEW80, S.329]):

$$b_1 \leq 3 \; \wedge \; b_{i+1} - b_i \leq 2 \; \left(i = 1, \dots, \frac{N}{2} - 2\right) \wedge \; b_{\frac{N-2}{2}} \geq N - 2$$

Da für die hier benötigten Breaktage gelten soll, dass sie ganze Zahlen aus dem Intervall $[3, ..., N-2]$ sind, ergeben sich aus Satz 6.16 für $N = 18$ die in Abbildung 55 aufgeführten, zulässigen Breakfolgen:

$(3, 4, 6, 8, 10, 12, 14, 16)$
$(3, 5, 6, 8, 10, 12, 14, 16)$
$(3, 5, 7, 8, 10, 12, 14, 16)$
$(3, 5, 7, 9, 10, 12, 14, 16)$
$(3, 5, 7, 9, 11, 12, 14, 16)$
$(3, 5, 7, 9, 11, 13, 14, 16)$
$(3, 5, 7, 9, 11, 13, 15, 16)$

Abbildung 55: Zulässige Breakfolgen nach Satz 6.16 für eine Liga mit 18 Teams (eigene Darstellung nach [DEW80,S.329ff.])

Bemerkung 6.17: Anhand des Satzes 6.16 können nicht alle zulässigen Breakfolgen gefunden werden (vgl. [DEW80, S.329ff.]).

In der nachfolgenden Abbildung 56 sind einige weitere, als zulässig bekannte, Breakfolgen dargestellt.

$(3, 5, 6, 9, 10, 13, 14, 16)$
$(3, 4, 6, 8, 10, 12, 14, 15)$
$(3, 4, 7, 9, 11, 12, 14, 16)$
$(4, 5, 7, 8, 11, 13, 14, 16)$
$(3, 5, 7, 8, 10, 13, 15, 16)$

Abbildung 56: Zulässige Breakfolgen für eine Liga mit 18 Teams (eigene Darstellung nach [WUL07], [BUN14], [BUN11], [BUN12], [BUN10])

Definition 6.18: Ein **Home-Away-Pattern Set (HAPS)** legt für jedes Team fest, an welchen Spieltagen ein Heimspiel stattfindet und an welchen Spieltag auswärts angetreten werden muss (vgl. [DEW88, S..48]).

Um ein vollständiges HAPS bestimmen zu können, muss für jedes Team ein **Heim-Auswärts-Profil** bestimmt werden. Dieses gibt an, an welchen Spieltagen eine Mannschaft zu Hause spielt und an welchen Spieltagen diese Mannschaft auswärts spielt. Zur Angabe eines vollständigen Heim-Auswärts-Profils eines Teams genügt es, zu wissen, ob und wann ein Team ein Heim- bzw. Auswärtsbreak hat. Man beachte, dass nach Lemma 6.6 Breaks paarweise auftreten. Es gibt also ein weiteres Team in der Liga, welches an diesem Spieltag ebenfalls ein Break hat.

Beispiel 6.19: Ein Team hat an Spieltag 7 ein Auswärtsbreak. Dies bedeutet, dass das Team auch am 6. Spieltag auswärts spielt. Da nur ein Break pro Team vorgesehen ist, finden im Übrigen Heim- und Auswärtsspiele abwechselnd statt. Diese Informationen führen für das Team zu dem in Abbildung 57 exemplarisch dargestellten Heim-Auswärts-Profil. Insbesondere kann damit der Spielort am ersten Spieltag leicht bestimmt werden.

Spieltag	1	2	3	4	5	6	7	8	9	10	11	12	13	14	15	16	17
Ort	H	A	H	A	H	A	A	H	A	H	A	H	A	H	A	H	A

Abbildung 57: Heim-Auswärts-Profil einer Mannschaft mit Auswärtsbreak an Spieltag 7 (eigene Darstellung)

Bereits in Kapitel 2 wurde festgelegt, dass es in der Modellierung keine Unterschiede zwischen Heim- und Auswärtsbreaks geben soll. Weiß man lediglich, dass ein Team ein Break hat, so kann man leicht bestimmen, ob es sich um ein Heim- bzw. Auswärtsbreak handelt, indem man den Spielort am ersten Spieltag betrachtet. Beispiel 6.20 veranschaulicht dies.

Beispiel 6.20: Ein Team hat an Spieltag 9 ein Break. Es ist bekannt, dass das Team am ersten Spieltag zu Hause spielt. In Abbildung 58 ist das sich ergebende Heim-Auswärts-Profil dargestellt.

Spieltag	1	2	3	4	5	6	7	8	9	10	11	12	13	14	15	16	17
Ort	H	A	H	A	H	A	H	A	A	H	A	H	A	H	A	H	A

Abbildung 58: Heim-Auswärts-Profil einer Mannschaft mit einem Break an Spieltag 9 und Saisonauftakt zu Hause (eigene Darstellung)

Man beachte hierbei, dass es nach Lemma 6.6 eine andere Mannschaft geben muss, die deshalb an Spieltag 9 ein Heimbreak hat und ihr erstes Saisonspiel auswärts bestreitet.

Nicht alle HAPSs führen zu gültigen Spielplänen. Ein HAPS, welches zu einem gültigen Spielplan führt, wird als **zulässig** bezeichnet. Es wird vermutet, dass es NP-vollständig ist, die Zulässigkeit eines HAPSs zu überprüfen (vgl. [KNU09, S.2939]). Aus [MIY03, S.78ff.] ist allerdings bekannt, dass für $N \leq 26$, die Zulässigkeit eines gegebenen HAPSs mit minimaler Breakzahl in Polynomzeit überprüft werden kann. In [BRI09, S. 22ff.] ist eine Formulierung des HAPS Zulässigkeitsproblems als ganzzahliges Programm zu finden. Hierdurch ist es möglich, zulässige HAPSs zu finden. Dies soll allerdings nicht Inhalt dieser Arbeit sein. Für die Optimierungen in Abschnitt 6.4 werden bekannte HAPS mit bekannten Folgen von Breaktagen verwendet.

6.3 Die Spielplanformulierung als binäres Programm

In diesem Abschnitt wird eine Modellierung des Spielplanerstellungsproblems als binäres Programm vorgenommen. Als Grundlage dafür sei nochmals auf Beispiel 2.32 verwiesen.

6.3.1 Die Nebenbedingungen

Um die Größe des binären Programmes zu beschränken wird lediglich ein SRRT modelliert. Der Spielplan, der von Gurobi erzeugt wird, gibt dann die Hinrunde an. Die Rückrunde wird nach dem gleichen Spielplan gespielt. Der einzige Unterschied ist, dass in allen Rückrunden-spielen das Heimrecht - im Vergleich zur Hinrunde - getauscht wird. Dadurch ergibt sich insgesamt ein gespiegeltes DRRT.

Gegeben ist eine Menge $\mathcal{T}$ von Mannschaften:

$$\mathcal{T} \subset \mathcal{M} = \{1, \dots, 90\}$$

$$|\mathcal{T}| = 18$$

Hierbei ist jedem $i \in \mathcal{M}$ genau einer der 90 Landesligisten zugeordnet. Die Zuteilung einer Kennzahl zu jedem Team war Inhalt von Kapitel 3.1. Darüber hinaus wird noch eine Menge $\mathcal{S}$ benötigt, welche die 17 Spieltage, die im Laufe der Hinrunde stattfinden, nummeriert:

$$\mathcal{S} = \{1, \dots, 17\}$$

Die binäre Variable x trifft eine Entscheidung darüber, ob ein Spiel an einem Spieltag ausgetragen wird oder nicht:

124

$$x(i, j, s) = \begin{cases} 1 \text{ falls Team } i \in \mathcal{T} \text{ an Spieltag } s \in \mathcal{S} \text{ zu Hause gegen Team } j \in \mathcal{T} \text{ spielt} \\ 0 \qquad\qquad\qquad\qquad\qquad\qquad\qquad\qquad\qquad\qquad\qquad\qquad\quad \text{sonst} \end{cases}$$

Natürlich kann keine Mannschaft gegen sich selbst spielen, weswegen für die x −Variablen gilt:

$$x(i, j, s) = 0 \quad \forall\, i \in \mathcal{T}, \forall\, j \in \mathcal{T}(i = j), \forall\, s \in \mathcal{S} \quad (NB0)$$

Die Nebenbedingung ($NB0$) wird in der folgenden Modellierung nicht zwangsläufig benötigt und kann dementsprechend auch weggelassen werden, sofern die x −Variablen nur für $i \neq j$ definiert werden.

Jede Mannschaft spielt an jedem Spieltag genau ein Mal:

$$\sum_{\substack{j \in \mathcal{T} \\ i \neq j}} \big(x(i, j, s) + x(j, i, s)\big) = 1 \quad \forall\, i \in \mathcal{T}, \forall\, s \in \mathcal{S} \quad (NB1)$$

In der Hinrunde spielt jedes Team genau ein Mal gegen jedes andere Team. Daher darf es jede Begegnung in einem SRRT nur genau ein Mal geben:

$$\sum_{s \in \mathcal{S}} \big(x(i, j, s) + x(j, i, s)\big) = 1 \quad \forall\, i \in \mathcal{T}, \forall\, j \in \mathcal{T} \ (i \neq j) \quad (NB2)$$

Die binäre Variable b gibt an, ob eine Mannschaft an einem Spieltag ein Break hat:

$$b(i, s) = \begin{cases} 1 \text{ falls Team } i \in \mathcal{T} \text{ an Spieltag } s \in \mathcal{S} \text{ ein Break hat} \\ 0 \qquad\qquad\qquad\qquad\qquad\qquad\qquad\qquad\qquad\quad \text{sonst} \end{cases}$$

Ein Heimbreak liegt vor, wenn eine Mannschaft zwei Mal hintereinander zu Hause spielt:

$$\sum_{\substack{j \in \mathcal{T} \\ i \neq j}} (x(i, j, s - 1) + x(i, j, s)) \leq 1 + b(i, s) \quad \forall\, i \in \mathcal{T}, \forall\, s \in \mathcal{S}^{>2} \quad (NB3)$$

Ein Auswärtsbreak liegt vor, wenn eine Mannschaft zwei Mal nacheinander auswärts antreten muss:

$$\sum_{\substack{j \in \mathcal{T} \\ i \neq j}} \big(x(j,i,s-1) + x(j,i,s)\big) \leq 1 + b(i,s) \quad \forall\, i \in \mathcal{T}, \forall\, s \in \mathcal{S}^{>2} \quad (NB4)$$

Da jede Mannschaft, sofern möglich, abwechselnd zu Hause bzw. auswärts spielen soll, ist die kleinstmögliche Anzahl an Breaks anzusetzen. Nach Satz 6.1 und Folgerung 6.2 sind 16 Breaks notwendig, um einen zulässigen Spielplan mit minimaler Breakzahl zu erzeugen:

$$\sum_{i \in \mathcal{T}} \sum_{s \in \mathcal{S}} b(i,s) = 16 \quad (NB5)$$

An den Spieltagen 1, 2 und 17 sollen gemäß den Ausführungen aus Abschnitt 6.1 keine Breaks auftreten:

$$b(i,1) = 0 \quad \forall\, i \in \mathcal{T} \quad (NB6)$$
$$b(i,2) = 0 \quad \forall\, i \in \mathcal{T} \quad (NB7)$$
$$b(i,17) = 0 \quad \forall\, i \in \mathcal{T} \quad (NB8)$$

Aus Fairnessgründen soll keine Mannschaft mehr als ein Break in einem SRRT haben:

$$\sum_{s \in \mathcal{S}} b(i,s) \leq 1 \quad \forall\, i \in \mathcal{T} \quad (NB9)$$

Die bisherigen Ausführungen zur Spielplanformulierung als binäres Programm sind an [BRI09, S.86f.] angelehnt. In Kapitel 5 wurde anhand des Optimierungsproblems **(KWAYRESDIS)** eine Einteilung bestimmt, die garantiert, dass kein Team unter der Woche länger als 60 Minuten fahren muss. Dies muss an dieser Stelle natürlich auch als Restriktion hinzugefügt werden. Sei dazu $R_i \subseteq \mathcal{T} \setminus \{\,i\,\}$ die Menge der Mannschaften, die von Verein $i \in \mathcal{T}$ höchstens eine Stunde entfernt liegen. Dann ergeben sich für die beiden Spieltage unter der Woche die folgenden zusätzlichen Nebenbedingungen:

$$\sum_{j \in R_i} \big(x(i,j,2) + x(j,i,2)\big) = 1 \quad \forall\, i \in \mathcal{T} \quad (NB10)$$

$$\sum_{j \in R_i} \big(x(i,j,6) + x(j,i,6) \big) = 1 \quad \forall\, i \in \mathcal{T} \quad (NB11)$$

6.3.2 Die Zielfunktion

In Beispiel 2.32 wurde bereits eine Zielfunktion f der Form

$$f(\mathfrak{R}) = \mu_1 \cdot g(\mathfrak{R}) + \mu_2 \cdot h(\mathfrak{R})$$

für den Spielplan $\mathfrak{R}$ definiert. Hierbei soll die Funktion $g\colon \mathfrak{R} \to \mathbb{N}$ die Fairness des Spielplans angeben. Die Funktion $h\colon \mathfrak{R} \to \mathbb{N}$ stellt die Anzahl der erfüllten Wünsche der Mannschaften dar. Durch die Gewichte $\mu_1,\ \mu_2 \in [0,1]$ mit $\mu_1 + \mu_2 = 1$, ist es zudem möglich, die Fairness und die Anzahl der erfüllten Wünsche unterschiedlich stark in den Zielfunktionswert einfließen zu lassen. Der Inhalt dieses Abschnittes wird es nun sein, die beiden Komponenten der Bewertungsfunktion zu spezifizieren. Begonnen werden soll mit der Fairnessfunktion.

6.3.2.1 Die Fairness eines Spielplans

Man stelle sich vor, ein Überraschungsaufsteiger aus der 2. Bundesliga muss an den ersten fünf Spieltagen der neuen Spielzeit gleich gegen die fünf besten Erstligateams der Vorsaison antreten. Es ist zu erwarten, dass der Aufsteiger aus diesen Partien nicht viele Punkte holt und gleich von Beginn der Saison an weit hinten in der Tabelle steht. Jeder der einmal Fußball gespielt hat, weiß, dass ein solcher Negativlauf nur schwer aufzuhalten ist. Deshalb sollte es ein Ziel bei der Spielplanerstellung sein, dass kein Team zu oft nacheinander gegen starke, mittelstarke bzw. schwächere Gegner antritt. Sei dazu die Anzahl N der Mannschaften in Liga $\mathcal{L}$ durch drei teilbar:

$$N \equiv 0 \bmod 3$$

Nun wird jedes Team, seiner zu erwartenden Spielstärke nach, in genau eine von drei gleich großen, paarweise disjunkten Mengen $\mathcal{V}_t$ $(t = 1, 2, 3)$ eingeteilt:

$$\mathcal{V}_1 \subset \mathcal{T} \quad \text{mit } |\mathcal{V}_1| = \frac{N}{3}$$

$$\mathcal{V}_2 \subset \mathcal{T} \quad \text{mit } |\mathcal{V}_2| = \frac{N}{3}$$

$$\mathcal{V}_3 \subset \mathcal{T} \quad \text{mit } |\mathcal{V}_3| = \frac{N}{3}$$

$$\mathcal{V}_t \cap \mathcal{V}_l = \emptyset \ \text{ falls } t \neq l \ \ (t, l \in \{1, 2, 3\})$$

Die Regeln zur Einteilung sind folgende: In die Menge $\mathcal{V}_1$ werden zunächst die Mannschaften eingeteilt, die letzte Saison noch eine Liga höher spielten. Die übrigen Plätze in der Menge $\mathcal{V}_1$ füllen die bestplatzierten Teams der letzten Spielzeit auf. In die Menge $\mathcal{V}_2$ werden dann die $\frac{N}{3}$ Vereine eingestuft, welche die Platzierungen in der Abschlusstabelle der Vorsaison hatten, die direkt auf die schlechteste Position eines Teams aus $\mathcal{V}_1$, welches letzte Spielzeit schon dieser Liga angehörte, folgen. Die übrigen Mannschaften, insbesondere die Aufsteiger, stellen die Spielstärkegruppe $\mathcal{V}_3$ dar (vgl. [BAR01, S.26]).

Bemerkung 6.21: Die Annahme das $N \equiv 0 \ mod \ 3$ ist im hier vorliegenden Fall korrekt, da in jeder Division 18 Teams spielen. Gilt $N \equiv 1 \ mod \ 3$ oder $N \equiv 2 \ mod \ 3$ haben die Stärkegruppen unterschiedliche Kardinalitäten. Welche Stärkegruppe einen Verein mehr bzw. weniger enthält, ist dann noch festzulegen.

Beispiel 6.22: Wir betrachten beispielsweise die Einteilung der Landesliga Nordwest, welche sich aus dem Problem **(KWAYRESDIS)** ergab. In der nachfolgenden Tabelle sind die Teams und ihre Platzierung im Vorjahr aufgeführt.

Team	Platzierung Vorjahr
TuS Frammersbach	10
Viktoria Kahl	Aufsteiger
SV Garitz	Aufsteiger
FT Schweinfurt	8
1. FC Augsfeld	11
1. FC Sand	Absteiger
TSV Karlburg	7
Blau – Weiß Leinach	9
TSV Lengfeld	13
ASV Rimpar	5
Würzburger FV II	Aufsteiger
SpVgg Stegaurach	Aufsteiger
Bayern Kitzingen	3
TSV Abtswind	4
TSV Kleinrinderfeld	Absteiger
SpVgg Ansbach	4
TSV Neustadt/Aisch	6
Spfr. Dinkelsbühl	Aufsteiger

Abbildung 59: Platzierungen der Landesliga Nordwest Teams im Vorjahr (eigene Darstellung nach [ABS1] & [ABS2] & [ABS3] & [TAB3] & [TAB4])

Bei einer genauen Betrachtung der Platzierungen fällt auf, dass manche Platzierungen doppelt vorkommen, andere wiederrum gar nicht. Dies ist eine Folge der neu vorgenommenen Einteilung, denn Teams, welche letzte Saison noch in unterschiedlichen Staffeln spielten, sind nun der Staffel Nordwest zugeteilt.

Die drei Stärkegruppen ergeben sich nach den obigen Regeln nun wie folgt:

$\mathcal{V}_1 = \{$ 1.FC Sand (Ab), TSV Kleinrinderfeld (Ab), Bayern Kitzingen (3), TSV Abtswind (4), SpVgg Ansbach (4), ASV Rimpar (5) $\}$

$\mathcal{V}_2 = \{$ TSV Neustadt/Aisch (6), TSV Karlburg (7), FT Schweinfurt (8), Blau-Weiß Leinach (9), TuS Frammersbach (10), 1.FC Augsfeld (11) $\}$

$\mathcal{V}_3 = \{$ TSV Lengfeld (13), Viktoria Kahl (Auf), SV Garitz (Auf), Würzburger FV II (Auf), SpVgg Stegaurach (Auf), Spfr. Dinkelsbühl (Auf) $\}$

In der Klammer hinter jedem Team befindet sich zur besseren Übersichtlichkeit nochmals die Vorjahresplatzierung.

Eine hohe Fairness des Spielplans ist dadurch gegeben, dass kein Team zu oft mehrfach hintereinander gegen Mannschaften aus der gleichen Stärkegruppe spielt. Um zu bestimmen, wie oft ein Verein zwei Mal nacheinander gegen ein Team der gleichen Stärkegruppe spielt, werden zusätzliche Nebenbedingung zu den Restriktionen aus 6.2.1 hinzugefügt. Die binäre Variable z wird dazu wie folgt definiert:

$$z(i,s) = \begin{cases} 1 \text{ falls Team } i \in \mathcal{T} \text{ an Spieltag } (s-1) \in \mathcal{S} \text{ und } s \in \mathcal{S} \text{ gegen} \\ \quad\quad \text{ein Team der gleichen Stärkegruppe spielt} \\ 0 \quad\quad\quad\quad\quad\quad\quad\quad\quad\quad\quad\quad\quad\quad\quad\quad\quad\quad \text{sonst} \end{cases}$$

Logischerweise ist es nicht möglich, dass eine Mannschaft am ersten Spieltag zum zweiten Mal hintereinander gegen ein Team der selben Stärkegruppe spielt. Daher gilt:

$$z(i,1) = 0 \quad \forall\, i \in \mathcal{T} \quad (NB12)$$

Die unten stehende Nebenbedingung ($NB13$) ist genau dann erfüllt, wenn bei einem fehlenden Spielstärkenwechsel (an aufeinanderfolgenden Spieltagen) der Gegner des Teams $i \in \mathcal{T}$, die z −Variable den Wert 1 annimmt:

$$\sum_{\substack{j \in V_t \\ j \neq i}} \left(x(i,j,s-1) + x(j,i,s-1) \right) + \sum_{\substack{k \in V_t \\ k \neq i}} \left(x(i,k,s) + x(k,i,s) \right) \leq 1 + z(i,s)$$

$$\forall\, i \in \mathcal{T}, \forall\, s \in S^{\geq 2}, \forall\, t \in \{1,2,3\} \quad (NB13)$$

Damit kein Team deutlich öfter zwei Mal hintereinander gegen Mannschaften der gleichen Stärkegruppe spielen muss als andere Teams, kann man theoretisch die Anzahl der z −Variablen mit Wert 1 für jedes Team noch durch eine Obergrenze $a_{max} \in \mathbb{N}$ beschränken:

$$\sum_{s \in S^{\geq 2}} z(i,s) \leq a_{max} \quad \forall\, i \in \mathcal{T} \text{ [10]}$$

Nun kann der erste Bestandteil der Zielfunktion, welcher für einen möglichst fairen Spielplan sorgen soll, definiert werden. Hierzu wird die Anzahl der aufeinanderfolgenden Spieltage aller Teams gegen Gegner aus der gleichen Stärkegruppe minimiert:

$$\min \sum_{i \in \mathcal{T}} \sum_{s \in S^{\geq 2}} z(i,s)$$

Man beachte dabei, dass die Maximierung der Fairness durch ein Minimierungsproblem gelöst wird (angelehnt an [BAR01, S.79f.]). Weitere interessante, zu diesem Abschnitt passende Literatur findet man in [BAR06] und [KNU10].

6.3.2.2 Die Wünsche der Vereine

Vielen Vereinen ist es wichtig, dass sie an bestimmten Spieltagen ein Heimspiel bzw. ein Auswärtsspiel haben. Die Gründe hierfür können vielfältiger Natur sein. Im Amateurbereich ist es beispielsweise ein ungeschriebenes Gesetz, dass an der örtlichen Kirchweih zu Hause gespielt wird. Eine konkurrierende Veranstaltung am gleichen Sportgelände könnte zum Beispiel den Wunsch nach einem Auswärtsspiel entstehen lassen. In diesem Kapitel soll eine mathematische Modellierung in Bezug auf die Wunschmaximierung vorgenommen werden. Dazu müssen zunächst einige grundlegende Regeln festgelegt werden:

---

[10] Diese Nebenbedingung wird im Folgenden nicht weiter verwendet

- Am ersten Spieltag darf kein Wunsch geäußert werden, denn durch den Wunsch am ersten Spieltag auswärts zu spielen, spielt man automatisch am zweiten Spieltag, welcher ein Spieltag unter der Woche ist, zu Hause. Einen solchen Wunsch zu erfüllen, wäre gegenüber den restlichen Teams nicht fair. Da ein Wunsch für den 18. Spieltag direkt angeben würde, wo ein Team am 1. Spieltag spielt, darf auch hierfür keine Präferenz angegeben werden.

- An den beiden Spieltagen unter der Woche (2. und 6. Spieltag) darf ebenfalls kein Wunsch geäußert werden. Es wäre nämlich anzunehmen, dass an diesen beiden Terminen jeder Verein bevorzugt zu Hause spielen möchte.

- Aus diesem Grund werden auch für die entsprechenden Rückrundenspieltage keine Wünsche akzeptiert. Will man nämlich an Spieltag 19 bzw. 23. ein Auswärtsspiel, so würde man automatisch am 2. bzw. 6 Spieltag zu Hause spielen.

- Am letzten Spieltag der Saison darf kein Wunsch geäußert werden. Jedes Team würde die Spielzeit gerne mit einem Heimspiel beenden, da man sich dadurch einen Wettbewerbsvorteil erwartet.

- Am vorletzten Spieltag darf ebenfalls kein Wunsch mehr angegeben werden, denn dadurch würde unmittelbar ein Wunsch für den letzten Spieltag angegeben werden. Man beachte dabei, dass es am letzten Spieltag kein Break mehr gibt.

- Dies führt dazu, dass auch an Spieltag 16 und 17 keine Präferenzen benannt werden können, da dadurch auch die letzten beiden Saisonspieltage deklariert würden.

- Es kann natürlich kein widersprüchlicher Wunsch für die Spieltage t ($t < 17$) und $t + 17$ angegeben werden, denn in einem gespiegelten DRRT treffen an diesen beiden Terminen die gleichen Gegner aufeinander. Beispielsweise kann ein Team nicht an Spieltag 8 und 25 zu Hause spielen wollen.

- Für die übrigen Spieltage können Wünsch angegeben werden. Der unmittelbare Einfluss auf die ausgeschlossenen Wunschtermine ist gering, da niemanden bekannt ist, wann welches Team ein Break hat.

- Jeder Verein darf maximal zwei Wünsche äußern. Diese müssen natürlich schon bei der Spielplanerstellung bekannt sein.

Die Wünsche der einzelnen Vereine für die Spielzeit 2013/14 sind nicht bekannt und werden deshalb im Folgenden rein zufällig erzeugt.

Da nur ein Spielplan für ein SRRT konstruiert wird, war die Menge der Spieltage definiert als:

$$S = \{1, \dots, 17\}$$

Dies führt zu der Frage, wie man mit Wünschen umgeht, die sich auf die Rückrunde beziehen. Hierzu betrachtet man die beiden folgenden Fälle:

- Mannschaft $i^* \in \mathcal{T}$ möchte an Spieltag $s^* \in \{18, \dots, 34\}$ zu Hause spielen. Dies führt unmittelbar dazu, dass dieser Wunsch als „Mannschaft $i^* \in \mathcal{T}$ möchte an Spieltag $s^* - 17$ auswärts spielen" aufgefasst wird
- Mannschaft $i^* \in \mathcal{T}$ möchte an Spieltag $s^* \in \{18, \dots, 34\}$ auswärts antreten. Dies führt unmittelbar dazu, dass dieser Wunsch als „Mannschaft $i^* \in \mathcal{T}$ möchte an Spieltag $s^* - 17$ zu Hause spielen" aufgefasst wird

Mit Hilfe dieser Argumentation können nun alle Wünsche auf die Hinrunde und somit auf ein SRRT bezogen werden. Der Wunsch von Team $i^* \in \mathcal{T}$ an Spieltag $s^* \in \mathcal{S}$ zu Hause zu spielen ist genau dann erfüllt, wenn gilt:

$$\sum_{\substack{j \in \mathcal{T} \\ i^* \neq j}} x(i^*, j, s^*) = 1 \Leftrightarrow 1 - \sum_{\substack{j \in \mathcal{T} \\ i^* \neq j}} x(i^*, j, s^*) = 0 \quad (6.1)$$

Der Wunsch von Team $i^* \in \mathcal{T}$ an Spieltag $s^* \in \mathcal{S}$ auswärts antreten zu dürfen ist genau dann erfüllt, wenn gilt:

$$\sum_{\substack{j \in \mathcal{T} \\ i^* \neq j}} x(j, i^*, s^*) = 1 \Leftrightarrow 1 - \sum_{\substack{j \in \mathcal{T} \\ i^* \neq j}} x(j, i^*, s^*) = 0 \quad (6.2)$$

Bezeichne nun die Menge $\mathcal{W}_i(H)$ die Spieltage an denen Team $i \in \mathcal{T}$ zu Hause spielen möchte. Analog gibt $\mathcal{W}_i(A)$ die Menge der Spieltage an, an denen Mannschaft $i \in \mathcal{T}$ auswärts antreten möchte. Dann gilt nach den oben beschriebenen Regeln:

$$\mathcal{W}_i(H) \subset \mathcal{S} \setminus \{1, 2, 6, 16, 17\} \quad \forall \, i \in \mathcal{T}$$

$$|\mathcal{W}_i(H)| \leq 2 \quad \forall \, i \in \mathcal{T}$$

$$\mathcal{W}_i(A) \subset \mathcal{S} \setminus \{1, 2, 6, 16, 17\} \quad \forall\, i \in \mathcal{T}$$

$$|\mathcal{W}_i(A)| \leq 2 \quad \forall\, i \in \mathcal{T}$$

$$|W_i(H)| + |W_i(A)| \leq 2 \quad \forall\, i \in \mathcal{T}$$

Daraus kann man nun eine Zielfunktion ableiten, welche die Anzahl der erfüllbaren Wünsche maximiert:

$$\max \left(\sum_{i \in \mathcal{T}} \sum_{s_i \in W_i(H)} \sum_{\substack{j \in \mathcal{T} \\ i \neq j}} x(i, j, s_i) + \sum_{i \in \mathcal{T}} \sum_{s_i \in W_i(A)} \sum_{\substack{j \in \mathcal{T} \\ i \neq j}} x(j, i, s_i) \right)$$

Nun ergibt sich bei der in Abschnitt 6.2.2.3 folgenden Kombination der Zielfunktionen aus 6.2.2.1 und 6.2.2.2 das Problem, dass sowohl ein Minimierungs- als auch ein Maximierungsproblem vorliegt. Aus diesem Grund wird die soeben beschriebene Bewertungsfunktion abgeändert, so dass auch hier ein Minimierungsproblem entsteht. Die Bedeutung der modifizierten Zielfunktion ist jetzt, die nicht erfüllten Wünsche zu minimieren. Dabei werden die oben formulierten Bedingungen (6.1) und (6.2) verwendet. Wird ein Heimspielwunsch von Verein $i^* \in \mathcal{T}$ an Spieltag $s^* \in \mathcal{S}$ nicht erfüllt, so gilt in (6.1):

$$\sum_{\substack{j \in \mathcal{T} \\ i^* \neq j}} x(i^*, j, s^*) = 0 \Leftrightarrow 1 - \sum_{\substack{j \in \mathcal{T} \\ i^* \neq j}} x(i^*, j, s^*) = 1$$

Analog gilt für die Nichtbeachtung einer Auswärtspräferenz von Team $i^* \in \mathcal{T}$ an Spieltag $s^* \in \mathcal{S}$ nach (6.2):

$$\sum_{\substack{j \in \mathcal{T} \\ i^* \neq j}} x(j, i^*, s^*) = 0 \Leftrightarrow 1 - \sum_{\substack{j \in \mathcal{T} \\ i^* \neq j}} x(j, i^*, s^*) = 1$$

Dies führt nun zur modifizierten Zielfunktion:

$$\min \left(\sum_{i \in \mathcal{T}} \sum_{s_i \in W_i(H)} \left(1 - \sum_{\substack{j \in \mathcal{T} \\ i \neq j}} x(i, j, s_i)\right) + \sum_{i \in \mathcal{T}} \sum_{s_i \in W_i(A)} \left(1 - \sum_{\substack{j \in \mathcal{T} \\ i \neq j}} x(j, i, s_i)\right) \right)$$

Für jeden nicht erfüllten Wunsch jedes Teams wird nun beim Zielfunktionswert 1 hinzugezählt. Sind alle Wünsche erfüllt, so ist der Zielfunktionswert 0. Das nachfolgende Beispiel 6.23 soll die eben beschriebenen Zielfunktionen nochmals veranschaulichen.

Beispiel 6.23: Bei der Spielplanerzeugung sind die in Abbildung 60 präsentierten, zufällig erzeugten, Wünsche zu berücksichtigen. Die betrachtete Liga soll nur aus 8 Teams bestehen (In diesem einen Fall ist daher $\mathcal{T} = \{1, ... 8\}$). Der Wunschausschluss für Spiele unter der Woche wird in diesem Beispiel vernachlässigt.

Team	Heimpräferenz an Spieltag	Auswärtspräferenz an Spieltag
1	4	3
2	3 und 5	–
3	3	–
4	5	4
5	3 und 5	–
6	4	5
7	4	–
8	–	4

Abbildung 60: zufällig ausgewählte Wünsche der Teams in einer Liga mit 8 Mannschaften: Die Wünsche sind schon so angegeben, dass sie nur in der Hinrunde (hier Spieltag 1 bis 7) auftreten (eigene Darstellung)

Hieraus können nun beide Varianten der oben beschriebenen Zielfunktion angegeben werden. Die erste Variante maximiert die Anzahl erfüllter Wünsche:

$$
\begin{aligned}
\max \Big(&\sum_{\substack{j \in \mathcal{T} \\ j \neq 1}} x(1,j,4) + \sum_{\substack{j \in \mathcal{T} \\ j \neq 2}} x(2,j,3) + \sum_{\substack{j \in \mathcal{T} \\ j \neq 2}} x(2,j,5) + \sum_{\substack{j \in \mathcal{T} \\ j \neq 3}} x(3,j,3) + \sum_{\substack{j \in \mathcal{T} \\ j \neq 4}} x(4,j,5) + \\
&+ \sum_{\substack{j \in \mathcal{T} \\ j \neq 5}} x(5,j,3) + \sum_{\substack{j \in \mathcal{T} \\ j \neq 5}} x(5,j,5) + \sum_{\substack{j \in \mathcal{T} \\ j \neq 6}} x(6,j,4) + \sum_{\substack{j \in \mathcal{T} \\ j \neq 7}} x(7,j,4) + \sum_{\substack{j \in \mathcal{T} \\ j \neq 1}} x(j,1,3) + \\
&+ \sum_{\substack{j \in \mathcal{T} \\ j \neq 4}} x(j,4,4) + \sum_{\substack{j \in \mathcal{T} \\ j \neq 6}} x(j,6,5) + \sum_{\substack{j \in \mathcal{T} \\ j \neq 8}} x(j,8,4) \Big)
\end{aligned}
$$

Der zugehörige optimale Zielfunktionswert sei $OPT(I)$. Die zweite Variante minimiert die Anzahl nicht erfüllter Präferenzen:

$$\min \left(\left(1 - \sum_{\substack{j \in \mathcal{T} \\ j \neq 1}} x(1,j,4)\right) + \left(1 - \sum_{\substack{j \in \mathcal{T} \\ j \neq 2}} x(2,j,3)\right) + \left(1 - \sum_{\substack{j \in \mathcal{T} \\ j \neq 2}} x(2,j,5)\right) + \right.$$

$$+ \left(1 - \sum_{\substack{j \in \mathcal{T} \\ j \neq 3}} x(3,j,3)\right) + \left(1 - \sum_{\substack{j \in \mathcal{T} \\ j \neq 4}} x(4,j,5)\right) + \left(1 - \sum_{\substack{j \in \mathcal{T} \\ j \neq 5}} x(5,j,3)\right) +$$

$$+ \left(1 - \sum_{\substack{j \in \mathcal{T} \\ j \neq 5}} x(5,j,5)\right) + \left(1 - \sum_{\substack{j \in \mathcal{T} \\ j \neq 6}} x(6,j,4)\right) + \left(1 - \sum_{\substack{j \in \mathcal{T} \\ j \neq 7}} x(7,j,4)\right) +$$

$$+ \left(1 - \sum_{\substack{j \in \mathcal{T} \\ j \neq 1}} x(j,1,3)\right) + \left(1 - \sum_{\substack{j \in \mathcal{T} \\ j \neq 4}} x(j,4,4)\right) + \left(1 - \sum_{\substack{j \in \mathcal{T} \\ j \neq 6}} x(j,6,5)\right) + \left(1 - \sum_{\substack{j \in \mathcal{T} \\ j \neq 8}} x(j,8,4)\right) \right)$$

Der zugehörige optimale Zielfunktionswert sei $OPT(II)$. Sei $|\mathcal{W}|$ die Anzahl der insgesamt geäußerten Wünsche. Dann gilt:

$$|\mathcal{W}| - OPT(I) = OPT(II)$$

Eine etwas andere Darstellung der obigen Modellierung zur Berücksichtigung von Wünschen der Klubs findet sich in [BAR01, S.79f.] und in [BAR06, S.1920f.]. An diese beiden Quellen ist auch die grundlegende Idee von Abschnitt 6.2.2.2 angelehnt. Weitere, interessante Literatur zur Modellierung der Präferenzen der Teams findet sich in [BRI08, S.40ff.].

6.3.2.3 Kombination der Zielfunktionen aus 6.2.2.1 und 6.2.2.2

Wie bereits zu Beginn dieses Abschnittes beschrieben, soll die Bewertungsfunktion aus den beiden Komponenten „Fairness" und „Wünsche der Vereine" bestehen. Je nachdem welcher der beiden Faktoren wichtiger ist, ist eine unterschiedliche Gewichtung möglich. Hierzu wählt man $\mu_1 \in [0,1]$ und $\mu_2 \in [0,1]$ mit $\mu_1 + \mu_2 = 1$. Dies führt zur Zielfunktion:

$$\min \left(\mu_1 \cdot \sum_{i \in \mathcal{T}} \sum_{s \in \mathcal{S}^{\geq 2}} z(i,s) + \mu_2 \cdot \left(\sum_{i \in \mathcal{T}} \sum_{s_i \in W_i(H)} \left(1 - \sum_{\substack{j \in \mathcal{T} \\ i \neq j}} x(i,j,s_i)\right) + \right. \right.$$

$$\left. \left. + \sum_{i \in \mathcal{T}} \sum_{s_i \in W_i(A)} \left(1 - \sum_{\substack{j \in \mathcal{T} \\ i \neq j}} x(j,i,s_i)\right) \right) \right)$$

Hierbei bleibt zu beachten, dass für die erste Komponente, also die Fairness der Zielfunktion, die Restriktionen $(NB12)$ und $(NB13)$ zu den Nebenbedingungen aus 6.2.1 hinzugefügt werden müssen (angelehnt an [BAR01, S.79]).

Bei beiden Komponenten der Bewertungsfunktion sind die Bezeichnungen die gleichen wie in Abschnitt 6.2.2.1 bzw. 6.2.2.2. Man beachte auch, dass in den Mengen $\mathcal{S}$ bzw. $\mathcal{T}$ die Anzahl der Teams in der Liga versteckt angegeben ist. Da die aus **(KWAYRESDIS)** erhaltene Einteilung verwendet wird, sind natürlich genau 18 Teams in jeder Staffel.

Natürlich könnte man in der Zielfunktion bei den Heimspielpräferenzen statt

$$1 - \sum_{\substack{j \in \mathcal{T} \\ i \neq j}} x(i, j, s_i)$$

auch nur

$$- \sum_{\substack{j \in \mathcal{T} \\ i \neq j}} x(i, j, s_i)$$

verwenden. Das Gleiche gilt analog für die Auswärtsspielpräferenzen.

Beispiel 6.24: Der Einfluss der Fairness auf den Spielplan soll bei 30 % liegen, der Einfluss der Wünsche bei 70 %. Dies führt zu den Faktoren

$$\mu_1 = 0{,}3 \quad \text{und} \quad \mu_2 = 0{,}7$$

Bemerkung 6.25: An dieser Stelle sollen noch einige Spezialfälle des Spielplanerstellungsproblems beschrieben werden:

- $\mu_1 = 0 \Rightarrow \mu_2 = 1$: Es werden nur die Wünsch der Vereine berücksichtigt. Deshalb werden in diesem Fall die Nebenbedingungen $(NB12)$ und $(NB13)$ nicht benötigt. Dieses Problem wird als **(WUNSCHMAXRES)** bezeichnet.
- $\mu_1 = 1 \Rightarrow \mu_2 = 0$: Es wird nur die Fairness des Spielplans berücksichtigt. Deshalb werden in diesem Fall die Menge $\mathcal{W}_i(H)$ und $\mathcal{W}_i(A)$ für alle $i \in \mathcal{T}$ nicht benötigt. Dieses Problem wird als **(FAIRNESSMAXRES)** bezeichnet.

- Für $\mu_1 \in [0,1]$ und $\mu_2 \in [0,1]$ mit $\mu_1 + \mu_2 = 1$ wird das zugehörige Optimierungsproblem als **(KOMBIMAXRES)** bezeichnet.

- Optimiert man ohne Zielfunktion, d.h. sucht man nur einen zulässigen Spielplan, so wird das Problem als **(ZULSPIELRES)** bezeichnet. Hier werden die Nebenbedingungen $(NB12)$ und $(NB13)$ nicht benötigt.

- Lässt man die Nebenbedingungen $(NB10)$ und $(NB11)$ weg, so bleiben die Wochentagsrestriktionen unbeachtet. Für $\mu_2 = 1$ wird dieses Problem als **(WUNSCHMAX)** bezeichnet, für $\mu_1 = 1$ als **(FAIRNESSMAX)**. Für $\mu_1 \in [0,1]$ und $\mu_2 \in [0,1]$ mit $\mu_1 + \mu_2 = 1$ wird dieses Optimierungsproblem als **(KOMBIMAX)** bezeichnet. Lässt man auch hier die Zielfunktion weg, so wird das entstehende Zulässigkeitsproblem **(ZULSPIEL)** genannt.

Die nachfolgende Grafik soll die einzelnen Problemdefinitionen nochmals übersichtlich präsentieren:

Optimierungsaufgabe	μ_1	μ_2	Enthaltene Restriktionen	Nicht enthaltene Restriktionen
(WUNSCHMAXRES)	0	1	$(NB0)$ – $(NB11)$	$(NB12)$ $(NB13)$
(FAIRNESSMAXRES)	1	0	$(NB0)$ – $(NB13)$	–
(KOMBIMAXRES)	$\in [0,1]$	$1 - \mu_1$	$(NB0)$ – $(NB13)$	–
(ZULSPIELRES)	–	–	$(NB0)$ – $(NB11)$	$(NB12)$ $(NB13)$
(WUNSCHMAX)	0	1	$(NB0)$ – $(NB9)$	$(NB10)$ – $(NB13)$
(FAIRNESSMAX)	1	0	$(NB0)$ – $(NB9)$ und $(NB12)$ $(NB13)$	$(NB10)$ $(NB11)$

(KOMBIMAX)	$\in [0,1]$	$1 - \mu_1$	$(NB0) -$ $(NB9)$ und $(NB12)$ $(NB13)$	$(NB10)$ $(NB11)$
(ZULSPIEL)	$-$	$-$	$(NB0) -$ $(NB9)$	$(NB10) -$ $(NB13)$

Abbildung 61: Problemübersicht (eigene Darstellung)

<u>*Satz 6.26:*</u> Die Probleme (**WUNSCHMAX**), (**FAIRNESSMAX**), (**KOMBIMAX**) und (**ZULSPIEL**) sind NP-schwer (vgl. [BRI08, S.8], [BRI08, S.75ff.] & [BRI10, S.370] & [BAR01, S.48f.]).

Auf den Beweis von Satz 6.26 wird an dieser Stelle verzichtet. Es sei allerdings auf [BRI08, S.8ff.], [BRI08, S.75ff.], [BAR01, S.48f.], [BRI10, S.370ff.] und [GAR79, S.191] verwiesen. [EAS02] zeigte sogar, dass das Problem, ein unvollständiges SRRT zu komplettieren NP-vollständig ist. Dies gilt selbst dann noch, wenn bis auf drei Spieltage alle Anderen schon terminiert sind, wenn also kein Team mehr als drei noch nicht angesetzte Partien hat. Daher kann davon ausgegangen werden, dass auch die Probleme (**WUNSCHMAXRES**), (**FAIRNESSMAXRES**), (**KOMBIMAXRES**) und (**ZULSPIELRES**), bei denen lediglich der zweite und der sechste Spieltag eingeschränkt sind, in NP liegen.

6.2.3 Ergebnisse

Getestet wurden Instanzen (jeweils eine der Landesligen aus der Optimierung von (**KWAYRESDIS**), vgl. Kapitel 5) für die Probleme (**WUNSCHMAX**), (**FAIRNESSMAX**), (**KOMBIMAX**), (**WUNSCHMAXRES**), (**FAIRNESSMAXRES**) und (**KOMBIMAXRES**). Die Wünsche der 18 Vereine wurden dabei rein zufällig nach den oben geschilderten Regeln gewählt. Bei den Varianten (**KOMBIMAX**) und (**KOMBIMAXRES**) wurde für μ_1 und μ_2 die Gewichtung $\mu_1 = 0{,}3$ und $\mu_2 = 0{,}7$ gewählt. Abbildung 62 stellt die erhaltenen Ergebnisse kurz dar:

	WUNSCH-MAX	FAIRNESS-MAX	KOMBI-MAX	WUNSCH-MAXRES	FAIRNESS-MAXRES	KOMBI-MAXRES
Ver-wendete Landes-liga	Nordwest	Mitte	Nordost	Südost	Nordost	Nordost
Laufzeit[11]	132456 sek	122564 sek	133429 sek	123428 sek	144657 sek	152663 sek
Zulässige Lösung gefunden	nein	nein	nein	nein	nein	nein

Abbildung 62: Ergebnisse der Optimierung von **(WUNSCHMAX)**, **(FAIRNESSMAX)**, **(KOMBIMAX)**, **(WUNSCHMAXRES)**, **(FAIRNESSMAXRES)** und **(KOMBIMAXRES)** mit Gurobi (eigene Darstellung)

Bei keinem der sechs untersuchten Probleme konnte in adäquater Zeit eine zulässige Lösung gefunden werden. Scheinbar werden die Probleme **(WUNSCHMAXRES)**, **(FAIRNESSMAXRES)** und **(KOMBIMAXRES)** durch die Restriktionen ($NB10$) und ($NB11$) im Vergleich zu **(WUNSCHMAX)**, **(FAIRNESSMAX)** und **(KOMBIMAX)** (zumindest) nicht so sehr erleichtert, dass hier in vernünftiger Laufzeit eine zulässige Lösung gefunden werden könnte. Die Laufzeitproblematik wird auch in [BRI08, S. 18f.] beschrieben. Als möglichen Ausweg schlägt [BRI08, S.18ff.] Dekompositionen vor. Diese sind Inhalt des folgenden Kapitels. [BAR01, S.49] hält den Einsatz von Heuristiken für sinnvoll.

6.4 Dekomposition

Aufgrund der Komplexität der oben beschriebenen binären Programme stellt [BRI08, S.18ff.] zwei Ansätze vor, um in vernünftiger Laufzeit einen gültigen Spielplan zu erhalten. Beide Methoden trennen die Entscheidung über Breaks und somit über den Austragungsort von den stattfindenden Partien:

---

[11] Nach dieser Zeit wurde die Optimierung mit Gurobi jeweils abgebrochen

- **First-Schedule-Then-Break (FSTB):** Zunächst wird bezüglich einer Zielfunktion ein Spielplan bestimmt. Hierbei wird keine Entscheidung über das Heimrecht getroffen. Es werden lediglich die Begegnungen jedes Spieltages als ungeordnete Paare bestimmt. Anschließend soll versucht werden, für den aus ungeordneten Paaren bestehenden Spielplan, die Anzahl der Breaks zu minimieren (vgl. [BRI08, S.18] & [TRI01, S.242ff.]).

Dieses Vorgehen hat den Nachteil, dass die minimale Anzahl an Breaks nicht garantiert werden kann. Nach [BAR01, S.24] stellt die minimale Anzahl an Breaks jedoch eine wichtige Anforderung an einen „guten" Spielplan dar. Getestet wurde dieser Ansatz für eine fiktive Liga. Zunächst wurde ein SRRT-Spielplan aus ungeordneten Paaren erzeugt, der möglichst fair (siehe 6.2.2.1) ist. Anschließend sollte die Anzahl der Breaks für diesen Spielplan minimiert werden:

FSTB	Spielplan aus ungeordneten Paaren	Breakminimierung
Laufzeit	74569 *sek*	24 *sek*
Untersuchte Knoten	6159746	10461
Optimaler Zielfunktionswert	4	42
Optimality Gap	0,0 %	0,0 %

Abbildung 63: FSTB-Ansatz für fiktive Liga (eigene Darstellung)

Zwar ist der Zielfunktionswert bezüglich der Fairness sehr gut, aber die Anzahl der Breaks ist mit 42 deutlich zu hoch. Da dieser Ansatz die minimale Anzahl der Breaks signifikant überschreitet, wird er in dieser Form im Folgenden auch nicht weiter verwendet. Er wird allerdings modifiziert in Abschnitt 6.4.4 angewandt. Die zweite häufig benutzte Methode ist der First-Break-Then-Schedule-Ansatz.

- **First-Break-Then-Schedule (FBTS):** Zunächst wird festgelegt, welches Team an welchem Spieltag zu Hause spielt und welche Mannschaft an welchem Spieltag auswärts antreten muss. Dadurch steht automatisch fest, wann welcher Verein ein Break hat. Das Ziel des ersten Schrittes ist es demnach, ein zulässiges HAPS festzulegen. Anschließend wird der Spielplan bezüglich einer Zielfunktion optimiert (vgl. [BRI08, S.22ff.] & [NEM98, S.1ff.]).

Der Vorteil dieses Ansatzes ist, dass die minimale Breakzahl durch die Fixierung der Breaks im binären Programm automatisch gegeben ist. Der Nachteil ist, dass durch das Festlegen des HAPS eine Einschränkung des Lösungsraums vorgenommen wird. Zudem sind die zulässigen HAPS in einer Liga mit 18 Teams nicht alle bekannt (vgl. 6.1). In den folgenden Abschnitten werden deshalb Verfahren entwickelt, mit denen gute, aber nicht zwangsläufig optimale Lösungen konstruiert werden können. Dabei spielen die obige IP-Formulierung des Spielplanerstellungsproblems und der FBTS-Ansatz die Hauptrollen.

6.5 Konzipierung der Spielpläne

In diesem Abschnitt wird nun für jede der fünf Staffeln ein Spielplan erstellt. Dabei wird für jede Division ein anderes Vorgehen beschrieben. Für die Landesliga Nordwest soll ein Spielplan erstellt werden, der möglichst fair ist. Der Spielplan der Landesliga Nordost soll möglichst viele Wünsche der Vereine bedienen. Für die Landesliga Mitte wird ein Spielplan konzipiert, der die Wochentagsrestriktionen nicht beachtet, dafür aber die maximal mögliche Anzahl an Wünschen erfüllt und zudem fair ist. Bei der Spielplangenerierung für die Landesliga Südost wird versucht alle Wünsche der Vereine sowie mögliche Platzsperren zu berücksichtigen und die Anzahl der dafür benötigten Breaks zu minimieren. Abschließend wird für die Landesliga Südwest noch ein Verfahren vorgestellt, welches ohne den Einsatz eines Rechners einen Spielplan liefert. Insgesamt sollen demnach fünf verschiedene Methoden zur Spielplankonzipierung vorgestellt werden. Welches Verfahren auf welche der Landesligen angewandt wird ist dabei rein zufällig. Es sei angemerkt, dass die Verfahren auf jede Liga, also nicht nur auf die betrachteten Landesligen, anwendbar sind[12]. Die Landesligen stellen demnach nur Testinstanzen für die beschriebenen Methoden dar. Die Grundlage der nachfolgenden Vorgehensweisen bilden die Gruppeneinteilungen des Optimierungsproblems **(KWAYRESDIS)**, denn bis auf das Verfahren für die Landesliga Mitte, sollen alle Methoden die Wochentagsrestriktionen beachten.

---

[12] Wird eine Liga betrachtet, bei der die Wochentagsrestriktionen nicht erfüllt sind, so kann mit den beschriebenen Verfahren kein zulässiger Spielplan bestimmt werden

6.5.1 Spielplan für die Landesliga Nordwest

6.5.1.1 Vorgehensweise

Für die Landesliga Nordwest soll ein Spielplan bestimmt werden, der möglichst fair ist und die Wochentagsrestriktionen berücksichtigt. Deshalb wird die Variante **(FAIRNESSMAXRES)** verwendet (vgl. Bemerkung 6.25). Sei hierzu

$$\mathcal{T} = \{1, 2, 3, 4, 5, 6, 7, 8, 9, 10, 11, 13, 14, 15, 16, 17, 18, 73\}$$

die Menge der Mannschaften in der Landesliga Nordwest.

Bemerkung 6.27: Für die Zulässigkeit der Lösung ist die Zuordnung von Heim-Auswärts-Profilen zu den Teams bei den Optimierungsaufgaben **(FAIRNESSMAX)**, **(WUNSCHMAX)** und **(KOMBIMAX)** egal. Der Grund dafür ist die vorhandene Symmetrie: Jede Mannschaft könnte den Platz eines Anderen Teams einnehmen. Durch eine Umverteilung der Heim-Auswärts-Profile werden demnach lediglich Permutationen der ursprünglichen Zuordnung gebildet. Dies wird in Beispiel 6.28 veranschaulicht.

Beispiel 6.28: Man betrachte den Bundesliga Spielplan der Saison 2013/2014 (vgl. [BUN14]). Tauscht man an jedem Spieltag die Rolle von Bayern München und von Werder Bremen, so bleibt der Spielplan mit seinen Breaks (Bayern München übernimmt die von Werder Bremen und Werder Bremen die von Bayern München) zulässig. Einzig der Fairnesswert könnte sich ändern.

Bei der Spielplanerstellung sollen allerdings die Nebenbedingungen ($NB10$) und ($NB11$) berücksichtigt werden. Deshalb spielt es nun eine Rolle, welches Team wann ein Break hat, denn an Spieltag 2 und 6 sind nur Partien erlaubt, bei denen die Fahrtzeit maximal 60 Minuten beträgt. Daher trifft die Argumentation aus Bemerkung 6.27, nach der einfach die Rollen getauscht werden können, auch nicht mehr zu. Durch den Tausch der Rollen zweier Teams im HAPS kann ein eigentlich zulässiges HAPS durchaus unzulässig für **(FAIRNESSMAXRES)** werden (vgl. 4. Iteration in Abbildung 68). Einen Ausweg liefert hier Algorithmus 4, der nach einer „guten" Lösung, sucht. Dabei bedeutet „gut", dass der Zielfunktionswert der Lösung kleiner oder gleich einem bestimmten Schrankenwert ist.

Algorithmus 4:

Input: zulässige HAPSs, das Optimierungsproblem **(FAIRNESSMAXRES)**, der statische Spielplan aus Abbildung 10 und natürliche Zahlen $S, T, N \in \mathbb{N}$

Output: Ein zulässiger Spielplan für die Landesliga Nordwest, der die Wochentagsrestriktionen erfüllt

1. Initialisiere $s := 0$
2. **IF** $(s \leq S)$
    3. Wähle zufällig ein als zulässig bekanntes HAPS
    4. Initialisiere $t := 0$
    5. **IF** $(t \leq N)$
        6. Ordne zufällig[13] jedes Team der Liga genau einem Heim-Auswärts-Profil des HAPSs zu und fixiere die Breaktage und den Spielort aller Teams am ersten Spieltag in **(FAIRNESSMAXRES)**
        7. Das Lösen von **(FAIRNESSMAXRES)** mit den zusätzlichen Fixierungen liefert entweder die Meldung unzulässig oder einen Spielplan mit Zielfunktionswert z
        8. Speichere die bisher beste gefundene zulässige Lösung global ab
        9. **IF** $(z \leq T)$ **THEN STOP**: Gib den Spielplan aus
        10. **ELSE** setze $t := t + 1$ und gehe zu 5.
    11. **ELSE** setze $s := s + 1$ und gehe zu 2.
12. **ELSE**
    13. **IF** eine zulässige Lösung gefunden wurde **THEN**
    Gib die beste gefundene Lösung aus
    14. **ELSE** identifiziere jedes Team mit einer Nummer des statischen Spielplans aus Abbildung 10 entsprechend der Wochentagsbedingungen und gib den zugehörigen Spielplan aus

Das Vorgehen in Algorithmus 4 soll kurz erklärt werden. Insgesamt werden höchstens S verschiedene HAPS betrachtet. Diese sollen für das Spielplanerstellungsproblem ohne Beachtung von $(NB10)$ und $(NB11)$ zulässig sein. Bei jedem HAPS werden höchstens N

---

[13] Alternativ wäre ab der zweiten Iteration in der **IF**-Schleife (5.) auch ein heuristisches Austauschen von Heim-Auswärts-Profilen von Teams möglich

verschiedene Zuordnungen von Heim-Auswärts-Profilen des HAPSs zu den Teams vorgenommen. Diese Zuteilung wird in jedem Iterationsschritt für jede Mannschaft in die Optimierungsaufgabe **(FAIRNESSMAXRES)** durch zusätzliche Nebenbedingungen eingeführt. Man
vergleiche hierzu Beispiel 6.29. Wird dabei eine zulässige Lösung mit einem Zielfunktionswert gefunden, der höchstens T ist, so wird dieser Spielplan ausgegeben und der Iterationsprozess endet. Die beste gefundene Lösung wird stets abgespeichert. Wird keine Lösung mit
einem Zielfunktionswert von höchstens T gefunden, so wird im nächsten Iterationsschritt eine
neue Zuordnung der Teams zu den Heim-Auswärts-Profilen des HAPS getroffen. Die
zugehörigen Fixierungen (vgl. Beispiel 6.29) werden dann erneut in die Optimierungsaufgabe
(FAIRNESSMAXRES) als zusätzliche Nebenbedingungen eingefügt. Natürlich werden
dabei die zusätzlichen Nebenbedingungen des vorherigen Iterationsschrittes nicht weiter
verwendet. Konnte nach $S \cdot N$ Iterationen keine Lösung gefundenen werden, deren Zielfunktionswert höchstens T beträgt, so wird die beste bisher bestimmte Lösung als Spielplan
ausgegeben. Konnte nicht einmal eine zulässige Lösung gefunden werden, so wird der
statische Spielplan aus Abbildung 10 verwendet, um einen zulässigen Spielplan ausgeben zu
können. Dass dies möglich ist, wurde schon in Bemerkung 5.18 geschildert. Es müssen nur
die Teams mit Nummern aus dem statischen Spielplan identifiziert werden, so dass die
Wochentagsrestriktionen erfüllt werden. Die nachfolgende Abbildung 64 zeigt eine mögliche
Identifikation:

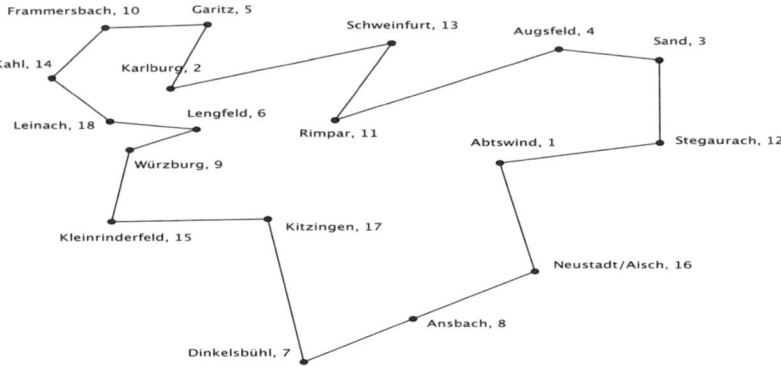

Abbildung 64: Identifizierung der Teams mit den Nummern des Spielplans aus Abbildung 10: Die Ziffer hinter
dem Ort gibt die Nummer an, für die der Ort im statischen Spielplan eingesetzt werden muss (eigene Darstellung
mit GeoGebra)

Beispiel 6.29: In diesem Beispiel soll die Zuordnung von Vereinen der Liga zu Profilen des
HAPS exemplarisch dargestellt werden. Team 1 bekommt dabei das Heim-Auswärts-Profil
von Team C aus einem zulässigen HAPS zugeteilt. In diesem hat Team C ein Break an

Spieltag 3 und spielt am ersten Spieltag zu Hause. Dies führt für Team 1 zu den folgenden Nebenbedingungen, durch die schon das komplette Heim-Auswärts-Profil von Team 1 bestimmt wird:

$$b(1,3) = 1$$

$$\sum_{\substack{j \in \mathcal{T} \\ j \neq 1}} x(1,j,1) = 1$$

Man fügt solche Restriktionen für alle 18 Vereine der Liga zu **(FAIRNESSMAXRES)** hinzu. Es sei angemerkt, dass Gurobi im „Presolve" anhand dieser beiden Restriktionen alle Variablen entfernt, welche nicht ins Heim-Auswärts-Profil von Team 1 passen. Dies gilt für die übrigen Teams mit ihren zugehörigen Nebenbedingungen analog.

Bemerkung 6.30: Es kann nicht garantiert werden, dass es eine zulässige Lösung gibt, welche die Wochentagsrestriktionen erfüllt, wenn Heim-Auswärts-Profile einfach zufällig Mannschaften zugeordnet werden. Die verwendeten HAPSs sind lediglich zulässig für einen Spielplan ohne Wochentagsrestriktionen[14]. Deshalb benötigt Algorithmus 4 den Schritt 14 um sicher zu stellen, dass ein zulässiger Spielplan ausgegeben wird.

Bemerkung 6.31: Trotz der Fixierung der Breaks beträgt die Laufzeit einer Iteration von **(FAIRNESSMAXRES)** zum Teil noch mehrere Stunden. Deshalb sind die Werte S, T und N vorsichtig zu wählen. Werden diese Parameter zu klein gewählt, so wird gegebenenfalls nur die zulässige Lösung in Schritt 14 gefunden, werden sie zu groß gewählt, so ist die Laufzeit zu lang. Denkbar wäre auch ein Abbruch von Schritt 7 in Algorithmus 4 nach einer vorher festgelegten Laufzeit oder wenn Gurobi kaum noch Verbesserung der Optimalitätslücke erzielt.

Bemerkung 6.32: Algorithmus 4 bietet die Möglichkeit der Parallelisierung. Lässt man jede ausgewürfelte Heim-Auswärts-Profil Zuordnung zu den Mannschaften der Liga gleichzeitig auf einem anderen Rechner laufen, so ist die Laufzeit nicht mehr die Summe der einzelnen Laufzeiten, sondern nur noch die Laufzeit bis eine Lösung mit dem gewünschten Zielfunktionswert gefunden wird. Wird keine solche gefunden, ist die Gesamtlaufzeit die Laufzeit der längsten Iteration.

---

[14] Dies gilt ebenso für den Abschnitt 6.4.2

Bemerkung 6.33: Die benötigte Einteilung von Stärkegruppen wurde für die Landesliga Nordwest bereits in Beispiel 6.22 vorgenommen.

Bemerkung 6.34: Es würde Sinn machen, einmal alle bekannten zulässigen Breakfolgen und die jeweils zugehörigen zulässigen Home-Away-Pattern Sets in einer Bibliothek zu speichern. Dadurch könnte im Bereich Spielplanoptimierung viel verbessert werden.

Das soeben beschriebene Vorgehen ist angelehnt an [TRI07, S.9] und [RIB06, S.147ff.]. Es wurden jedoch noch zahlreiche Modifikationen vorgenommen.

6.5.1.2 Ergebnisse

Für die Iterationszahlbegrenzungen S und N wurde in Algorithmus 4 gewählt:

$$S = 2 \text{ und } N = 10$$

Bei einem Zielfunktionswert $z \leq 20$ soll Algorithmus 4 in Schritt 9 abbrechen und den gefundenen Spielplan ausgeben. Die beiden ausgewählten, zulässigen HAPSs sind in den Abbildungen 65 und 66 dargestellt:

	1	2	3	4	5	6	7	8	9	10	11	12	13	14	15	16	17
X	H	A	H	A	H	A	H	A	H	H	A	H	A	H	A	H	A
B	A	H	A	H	A	H	A	H	A	H	A	H	A	H	H	A	H
C	H	A	A	H	A	H	A	H	A	H	A	H	A	H	A	H	A
D	A	H	A	H	A	H	A	A	H	A	H	A	H	A	H	A	H
E	H	A	H	A	H	A	H	H	A	H	A	H	A	H	A	H	A
F	A	H	A	H	A	H	A	H	A	H	A	H	A	A	H	A	H
G	H	A	H	H	A	H	A	H	A	H	A	H	A	H	A	H	A
Y	A	H	A	H	A	H	A	H	A	H	A	H	A	H	A	H	A
I	H	A	H	A	H	A	H	A	H	A	H	H	A	H	A	H	A
J	A	H	A	H	A	H	A	H	A	A	H	A	H	A	H	A	H
K	H	A	H	A	H	H	A	H	A	H	A	H	A	H	A	H	A
L	A	H	A	H	A	H	A	H	A	H	A	A	H	A	H	A	H
M	H	A	H	A	H	A	H	A	H	A	H	A	H	A	A	H	A
N	A	H	H	A	H	A	H	A	H	A	H	A	H	A	H	A	H
O	H	A	H	A	H	A	H	A	H	A	H	A	H	A	H	A	H
P	A	H	A	A	H	A	H	A	H	A	H	A	H	A	H	A	H
Q	H	A	H	A	H	A	H	A	H	A	H	A	H	H	A	H	A
R	A	H	A	H	A	A	H	A	H	A	H	A	H	A	H	A	H

Abbildung 65: Das erste HAPS für Algorithmus 4: Rot markiert sind die Breaks, die obere Zeile gibt den Spieltag an, die erste Spalte das Team. Eine Zeile entspricht dem Heim-Auswärts-Profil einer Mannschaft. (eigene Darstellung nach [BUN 2014])

	1	2	3	4	5	6	7	8	9	10	11	12	13	14	15	16	17
X	H	A	H	A	H	A	H	H	A	H	A	H	A	H	A	H	A
B	H	A	H	A	H	A	H	A	H	A	H	A	H	A	H	A	H
C	H	A	H	A	H	A	H	A	H	A	H	A	H	A	H	H	A
D	A	H	A	H	H	A	H	A	H	A	H	A	H	A	H	A	H
E	H	A	H	A	H	A	H	A	H	H	A	H	A	H	A	H	A
F	H	A	A	H	A	H	A	H	A	H	A	H	A	H	A	H	A
G	A	H	A	H	A	H	A	H	A	A	H	A	H	A	H	A	H
Y	A	H	A	H	A	H	A	H	A	H	A	H	A	H	H	A	H
I	H	A	H	A	H	A	A	H	A	H	A	H	A	H	A	H	A
J	A	H	A	H	A	H	H	A	H	A	H	A	H	A	H	A	H
K	H	A	H	A	H	A	H	A	H	A	H	A	H	A	A	H	A
L	A	H	A	H	A	H	A	H	A	H	A	H	A	H	A	H	A
M	A	H	A	H	A	H	A	H	A	H	A	H	A	H	A	A	H
N	A	H	A	H	A	H	A	A	H	A	H	A	H	A	H	A	H
O	H	A	H	A	A	H	A	H	A	H	A	H	A	H	A	H	A
P	A	H	H	A	H	A	H	A	H	A	H	A	H	A	H	A	H
Q	A	H	A	H	A	H	A	H	A	H	A	H	H	A	H	A	H
R	H	A	H	A	H	A	H	A	H	A	H	A	A	H	A	H	A

Abbildung 66: Das zweite HAPS für Algorithmus 4: Rot markiert sind die Breaks, die obere Zeile gibt den Spieltag an, die erste Spalte das Team. Eine Zeile entspricht dem Heim-Auswärts-Profil einer Mannschaft. (eigene Darstellung nach [WUL07, S.218])

Nach 9 Iterationen mit dem ersten HAPS wurde eine Lösung mit dem Zielfunktionswert 19 gefunden, so dass das zweite HAPS nicht mehr zum Einsatz kam. Die Zuordnung der Teams zu Heim-Auswärts-Profilen des ersten HAPS sowie die Ergebnisse der einzelnen Iterationen sind in den nachfolgenden Abbildungen dargestellt. Es sei angemerkt, dass die Zuordnung nur bei der ersten Iteration ausgewürfelt wurde. Ab der zweiten Iteration kam ein heuristisches Austauschen von Teams und Profilen zum Einsatz.

1. Iteration (IT)	2. IT	3. IT	4. IT	5.IT	6. IT	7. IT	8. IT	9. IT
$2-N$	$2-N$	$2-N$	$15-N$	$2-N$	$2-N$	$2-N$	$2-N$	$5-N$
$15-C$	$15-C$	$6-C$	$2-C$	$6-C$	$6-C$	$6-C$	$6-C$	$6-C$
$10-P$	$5-P$	$10-P$	$10-P$	$10-P$	$10-P$	$10-P$	$3-P$	$3-P$
$7-G$	$7-G$	$7-G$	$7-G$	$7-G$	$8-G$	$8-G$	$8-G$	$8-G$
$16-K$	$16-K$	$16-K$	$16-K$	$16-K$	$16-K$	$16-K$	$13-K$	$13-K$
$17-R$	$17-R$	$17-R$	$17-R$	$17-R$	$17-R$	$17-R$	$17-R$	$17-R$
$14-E$	$14-E$	$14-E$	$14-E$	$14-E$	$14-E$	$14-E$	$14-E$	$14-E$
$5-D$	$10-D$	$5-D$	$5-D$	$5-D$	$5-D$	$5-D$	$5-D$	$2-D$
$18-X$	$18-X$	$18-X$	$18-X$	$18-X$	$18-X$	$11-X$	$11-X$	$11-X$
$8-J$	$8-J$	$8-J$	$8-J$	$8-J$	$7-J$	$7-J$	$7-J$	$7-J$
$6-I$	$6-I$	$15-I$	$6-I$	$15-I$	$15-I$	$15-I$	$15-I$	$15-I$
$73-L$	$73-L$	$73-L$	$73-L$	$73-L$	$73-L$	$73-L$	$73-L$	$73-L$
$11-F$	$11-F$	$11-F$	$11-F$	$11-F$	$11-F$	$18-F$	$18-F$	$18-F$
$9-Q$	$9-Q$	$9-Q$	$9-Q$	$4-Q$	$4-Q$	$4-Q$	$4-Q$	$4-Q$
$4-M$	$4-M$	$4-M$	$4-M$	$9-M$	$9-M$	$9-M$	$9-M$	$9-M$
$3-B$	$3-B$	$3-B$	$3-B$	$3-B$	$3-B$	$3-B$	$10-B$	$10-B$
$1-O$	$1-O$	$1-O$	$1-O$	$1-O$	$1-O$	$1-O$	$1-O$	$1-O$
$13-Y$	$13-Y$	$13-Y$	$13-Y$	$13-Y$	$13-Y$	$13-Y$	$16-Y$	$16-Y$

Abbildung 67: Zuordnung von Teams zu Heim-Auswärts-Profilen des ersten HAPSs: $14-E$ bedeutet beispielsweise, dass Team 14 dem Profil von E aus Abbildung 65 zugeordnet wird (eigene Darstellung)

Man beachte hierbei, dass beim heuristischen Austauschen nicht nur die Breaktage übergeben werden, sondern jeweils das ganze Heim-Auswärts-Profil. Für die einzufügenden Nebenbedingungen bedeutet dies insbesondere, dass die Heim-Auswärts-Nebenbedingung für den ersten Spieltag gegebenenfalls mitgeändert werden muss. Dies soll in Beispiel 6.35 veranschaulicht werden:

Beispiel 6.35: Team 5 und 10 tauschen für die zweite Iteration ihre Heim-Auswärts-Profile (vgl. Abbildung 65 und 67). Team 5 hatte bei der ersten Iteration sein Break am 8. Spieltag und starte auswärts in die Saison. Dies führte für Team 5 zu den Restriktionen:

$$b(5,8) = 1$$

$$\sum_{\substack{j \in \mathcal{T} \\ j \neq 5}} x(j,5,1) = 1 \quad (*)$$

Mannschaft 10 hatte in der ersten Iteration sein Break an Spieltag 4 und das erste Saisonspiel war auswärts (vgl. Abbildung 67 und das HAPS aus Abbildung 65). Dies ergab die Restriktionen

$$b(10,4) = 1$$

$$\sum_{\substack{j \in \mathcal{T} \\ j \neq 10}} x(j,10,1) = 1 \quad (**)$$

für Team 10. Nun ändern sich durch den Rollentausch von Mannschaft 5 und 10 die Restriktionen bei der zweiten Iteration zu:

$$b(10,8) = 1$$

$$b(5,4) = 1$$

Da beide Teams am ersten Spieltag auswärts antreten müssen, muss in $(*)$ und $(**)$ nichts geändert werden. Würde ein Team zu Hause und die andere Mannschaft auswärts spielen, so müssten – entsprechend den Heim-Auswärtsprofilen – auch die Fixierungen für den ersten Spieltag umgeändert werden.

Die einzelnen Ergebnisse der 9 Iterationen sind in Abbildung 68 zu finden.

	1. IT	2. IT	3. IT	4. IT	5. IT	6. IT	7. IT	8. IT	9. IT
Bester gefundener Zielfunktionswert	37	40	36	unzulässig	36	35	25	22	19
Optimality Gap	0,0 %	0,0 %	0,0 %	0,0 %	0,0 %	0,0 %	0,0 %	0,0 %	0,0 %
Laufzeit	4607 sek	6127 sek	4337 sek	864 sek	7103 sek	8484 sek	5034 sek	8001 sek	2749 sek

Abbildung 68: Ergebnisse der einzelnen Iterationen (eigene Darstellung)

Bemerkung 6.36: In der 9. Iteration wird ein Spielplan mit einem Zielfunktionswert von 19 gefunden. Dieser erfüllt die Abbruchbedingung in Algorithmus 4. Es kann allerdings nicht garantiert werden, dass dieser Wert optimal ist. Eine andere Zuteilung von Teams zu Heim-Auswärts-Profilen oder die Verwendung eines anderen HAPSs kann durchaus noch zu einem besseren Fairnesswert führen.

Bemerkung 6.37: Für die Laufzeit gilt ohne Parallelisierung, dass sie die Summe der einzelnen Laufzeiten ist. Dies ergibt eine Gesamtlaufzeit von 47306 *sek*. Parallelisiert man allerdings Algorithmus 4, wie in Bemerkung 6.32 beschrieben, so kann nach 2749 *sek* gestoppt werden, denn es wurde eine zulässige Lösung mit Zielfunktionswert von höchstens 20 gefunden. Die übrigen Iterationen müssten nicht mehr beendet werden.

Der Spielplan aus Iteration 9 wird in der nachfolgenden Abbildung 69 präsentiert. Man beachte, dass Teams, die zwei Mal nacheinander einen Gegner aus der selben Stärkegruppe zugeteilt bekommen, an diesen beiden Spieltagen rot markiert sind. Heimrecht in einer Partie hat stets der erstgenannte Verein.

Spieltag 1	Spieltag 2	Spieltag 3
Frammersbach – Augsfeld	Garitz – Frammersbach	Frammersbach – Ansbach
Abtswind –Kahl	Kahl – Würzburg	Schweinfurt - Kahl
Lengfeld – Garitz	Karlburg – Schweinfurt	Augsfeld – Garitz
Schweinfurt – Ansbach	Augsfeld – Abtswind	Leinach – Sand
Sand – Neustadt	Kleinrinderfeld – Sand	Lengfeld – Karlburg
Würzburg – Karlburg	Rimpar – Leinach	Würzburg – Rimpar
Leinach – Kleinrinderfeld	Ansbach – Lengfeld	Stegaurach – Kleinrinderf.
Kitzingen – Rimpar	Neustadt – Stegaurach	Kitzingen – Neustadt
Stegaurach – Dinkelsbühl	Dinkelsbühl – Kitzingen	Abtswind – Dinkelsbühl

Spieltag 4	Spieltag 5	Spieltag 6
Karlburg – Frammersbach	Frammersbach – Neustadt	Kahl – Frammersbach
Kahl – Augsfeld	Garitz – Kahl	Karlburg – Garitz
Ansbach – Garitz	Schweinfurt – Dinkelsbühl	Kleinrinderf. – Schweinfurt
Rimpar – Schweinfurt	Augsfeld – Ansbach	Stegaurach – Augsfeld
Sand – Abtswind	Stegaurach – Sand	Sand - Kitzingen
Leinach – Stegaurach	Abtswind – Karlburg	Leinach – Würzburg
Dinkelsbühl – Lengfeld	Kitzingen – Leinach	Neustadt – Lengfeld
Neustadt – Würzburg	Lengfeld – Rimpar	Rimpar – Abtswind
Kleinrinderfeld – Kitzingen	Würzburg – Kleinrinderfeld	Dinkelsbühl – Ansbach

Spieltag 7	Spieltag 8	Spieltag 9
Frammersbach – Rimpar	Dinkelsbühl – Frammersb.	Frammersb. – Kleinrinderf.
Ansbach – Kahl	Karlburg – Kahl	Kahl – Dinkelsbühl
Garitz – Dinkelsbühl	Neustadt – Garitz	Garitz – Rimpar
Schweinfurt – Neustadt	Sand – Schweinfurt	Schweinfurt – Leinach
Augsfeld – Karlburg	Rimpar – Augsfeld	Augsfeld – Neustadt
Würzburg – Sand	Leinach – Lengfeld	Lengfeld – Sand
Abtswind – Leinach	Stegaurach – Würzburg	Ansbach – Karlburg
Lengfeld – Kleinrinderfeld	Kitzingen – Abtswind	Würzburg – Kitzingen
Kitzingen – Stegaurach	Kleinrinderfeld – Ansbach	Abtswind – Stegaurach

Spieltag 10	Spieltag 11	Spieltag 12
Würzburg – Frammersbach	Frammersbach – Leinach	Kitzingen – Frammersbach
Neustadt – Kahl	Kahl – Kleinrinderfeld	Leinach – Kahl
Leinach – Garitz	Garitz – Sand	Stegaurach – Garitz
Kitzingen – Schweinfurt	Schweinfurt – Stegaurach	Abtswind – Schweinfurt
Sand – Augsfeld	Augsfeld – Dinkelsbühl	Kleinrinderfeld – Augsfeld
Dinkelsbühl – Karlburg	Karlburg – Rimpar	Sand – Ansbach
Stegaurach – Lengfeld	Lengfeld – Kitzingen	Neustadt – Karlburg
Rimpar – Ansbach	Abtswind – Würzburg	Würzburg – Lengfeld
Kleinrinderfeld – Abtswind	Ansbach – Neustadt	Rimpar – Dinkelsbühl

Spieltag 13	Spieltag 14	Spieltag 15
Frammersb. – Stegaurach	Abtswind – Frammersbach	Frammersb. – Schweinfurt
Kahl – Rimpar	Stegaurach – Kahl	Kahl – Kitzingen
Garitz – Kleinrinderfeld	Würzburg – Garitz	Garitz – Abtswind
Schweinfurt – Würzburg	Schweinfurt – Lengfeld	Augsfeld – Lengfeld
Augsfeld – Leinach	Kitzingen – Augsfeld	Rimpar – Sand
Karlburg – Sand	Sand – Dinkelsbühl	Karlburg – Stegaurach
Lengfeld – Abtswind	Kleinrinderfeld – Karlburg	Neustadt – Leinach
Ansbach – Kitzingen	Leinach – Ansbach	Ansbach – Würzburg
Dinkelsbühl – Neustadt	Rimpar – Neustadt	Dinkelsbühl – Kleinrinderf.

Spieltag 16	Spieltag 17
Sand – Frammersbach	Frammersbach – Lengfeld
Lengfeld – Kahl	Kahl – Sand
Schweinfurt – Garitz	Garitz – Kitzingen
Würzburg – Augsfeld	Augsfeld – Schweinfurt
Kitzingen – Karlburg	Karlburg – Leinach
Leinach – Dinkelsbühl	Rimpar – Kleinrinderfeld
Stegaurach – Rimpar	Dinkelsbühl – Würzburg
Abtswind – Ansbach	Ansbach – Stegaurach
Kleinrinderfeld – Neustadt	Neustadt – Abtswind

Abbildung 69: Der Spielplan für die Landesliga Nordwest: Dargestellt ist nur die Hinrunde, die Rückrunde ist bis auf das getauschte Heimrecht in jeder Partie identisch zur Hinrunde (eigene Darstellung)

154

Abschließend sei noch angemerkt, dass die Sportfreunde Dinkelsbühl das einzige Team sind, das drei Mal an zwei aufeinanderfolgenden Spieltagen einen Gegner aus der gleichen Stärkegruppe hat.

6.5.2 Spielplan für die Landesliga Nordost

6.5.2.1 Vorgehensweise

Für die Testinstanz Landesliga Nordost soll ein Spielplan erzeugt werden, der möglichst viele Wünsche der Vereine berücksichtigt. Es soll demnach das Optimierungsproblem **(WUNSCHMAXRES)** gelöst werden. Man beachte, dass auch hier die in 6.2.2.2 aufgestellten Regeln zur Wunschäußerung bestand haben. Die in diesem Abschnitt verwendeten Wünsche werden rein zufällig[15] (mit Wahrscheinlichkeit 60 % für einen Heimspielwunsch und 40 % für einen Auswärtsspielwunsch) nach diesen Regeln erzeugt. Präferenzen können für die Hin- und Rückrunde angegeben werden. Diese sind in der nachfolgenden Abbildung in den Spalten 1. Wunsch bzw. 2. Wunsch aufgeführt. Da lediglich ein Spielplan im SRRT-Format konzipiert werden soll, werden die Wünsche, welche die Rückrunde betreffen, auf die Hinrunde übertragen (vgl. 6.2.2.2).

---

[15] Erzeugt wurden die Wünsche zufällig mit Hilfe des Statistik Programms R Studio

Team	1. Wunsch	2. Wunsch	1. Wunsch für SRRT	2. Wunsch für SRRT
12	22 – H	15 – H	5 – A	15 – H
19	31 – H	29 – H	14 – A	12 – A
20	3 – A	25 – A	3 – A	8 – H
21	24 – A	11 – H	7 – H	11 – H
22	14 – A	21 – H	14 – A	4 – A
23	30 – H	27 – A	13 – A	10 – H
24	21 – A	28 – H	4 – H	11 – A
27	26 – A	14 – H	9 – H	14 – H
28	24 – H	28 – H	7 – A	11 – A
29	7 – H	32 – H	7 – H	15 – A
30	24 – A	31 – H	7 – H	14 – A
31	20 – H	22 – H	3 – A	5 – A
32	27 – H	12 – A	10 – A	12 – A
33	20 – H	21 – A	3 – A	4 – H
34	11 – A	31 – A	11 – A	14 – H
35	5 – A	31 – H	5 – A	14 – A
36	12 – H	28 – H	12 – H	11 – A
39	7 – H	26 – A	7 – H	9 – H

Abbildung 70: Die Wünsche der Vereine (20 – H bedeutet beispielsweise, dass ein Team an Spieltag 20 zu Hause spielen möchte. Die Spalten 1. Wunsch und 2. Wunsch geben die Präferenzen der Teams im Laufe der Saison an. Die Spalten 1. Wunsch für SRRT bzw. 2. Wunsch für SRRT geben die Modellierung der Präferenzen für ein SRRT an, eigene Darstellung)

Satz 6.38: Es gibt Wunschkombinationen der N Vereine einer Liga, die nicht alle gleichzeitig erfüllt werden können. Dies gilt sowohl für ein SRRT als auch für ein gespiegeltes DRRT.

Beweis: Jedes der N Teams hat 2 Wünsche. Angenommen $\frac{N}{2} + 1$ Mannschaften wünschen sich am gleichen Spieltag ein Heimspiel. Dann können nicht alle $\frac{N}{2} + 1$ Wünsche erfüllt werden, da es pro Spieltag nur $\frac{N}{2}$ Partien gibt. ∎

Wie bereits in 6.3 beschrieben, muss auch hier eine Dekomposition, nämlich First-Break-Then-Schedule, zur Lösung des Problems vorgenommen werden. Es erscheint allerdings nicht als sinnvoll, die Teams rein zufällig zu den Profilen des HAPSs zuzuordnen. Deshalb wird zunächst ein HAPS ausgewählt. Anschließend wird die Anzahl der erfüllbaren Wünsche in diesem HAPS maximiert. Dazu verwendet man das nachfolgende binäre Programm, welches als *(MATCHHAPS)* bezeichnet wird:

Sei hierzu

$$\mathcal{U} = \{12, 19, 20, 21, 22, 23, 24, 27, 28, 29, 30, 31, 32, 33, 34, 35, 36, 39\}$$

die Menge der Mannschaften in der Testinstanz Landesliga Nordost und repräsentiere die Menge

$$\mathcal{P} = \{X, B, C, D, E, F, G, Y, I, J, K, L, M, N, O, P, Q, R\}$$

alle Heim-Auswärts-Profile des gewählten HAPSs. Die binäre Variable v gibt an, ob ein Team einem Heim-Auswärts-Profil zugeordnet wird oder nicht:

$$v(i,p) = \begin{cases} 1 & \text{falls Team } i \in \mathcal{U} \text{ dem Heim} - \text{Auswärts} - \text{Profil } p \in \mathcal{P} \\ & \text{des gewählten HAPSs zugeordent wird} \\ 0 & \text{sonst} \end{cases}$$

Nun muss jede Mannschaft genau einem Heim-Auswärts-Profil des HAPSs zugeordnet werden:

$$\sum_{p \in \mathcal{P}} v(i,p) = 1 \quad \forall\, i \in \mathcal{U} \quad (B1)$$

Zudem darf jedes Heim-Auswärts-Profil nur an genau eine Mannschaft verteilt werden:

$$\sum_{i \in \mathcal{U}} v(i,p) = 1 \quad \forall\, p \in \mathcal{P} \quad (B2)$$

Die Zielfunktion soll die Anzahl der erfüllten Wünsche maximieren. Bei der Zuordnung eines Teams zu einem Heim-Auswärts-Profil kann es nun passieren, dass entweder keiner, einer oder sogar beide Wünsche jedes Vereins erfüllt werden. Deshalb gilt:

$$c(i,p) \in \{0, 1, 2\} \quad \forall \, i \in \mathcal{U}, \forall \, p \in \mathcal{P}$$

Die genaue Anzahl erfüllter Wünsche jeder einzelnen Zuordnung eines Teams der Landesliga Nordost zu einem Heim-Auswärts-Profil des HAPSs aus Abbildung 65 findet man in Abbildung 71. Die Zielfunktion kann man nun als

$$f = \max \sum_{i \in \mathcal{U}} \sum_{p \in \mathcal{P}} c(i,p) \cdot v(i,p)$$

definieren.

Bemerkung 6.39: *(MATCHHAPS)* stellt lediglich ein Zuordnungsproblem dar, welches in polynomialer Laufzeit lösbar ist (vgl. [MAR13, S.237]). Der Hauptgrund für die Verwendung von *(MATCHHAPS)* in diesem und dem nächsten Abschnitt liegt darin, dass es die maximale Anzahl erfüllbarer Wünsche für ein gegebenes HAPS liefert.

	X	B	C	D	E	F	G	Y	I	J	K	L	M	N	O	P	Q	R
12	0	2	1	2	0	2	1	1	0	2	0	2	0	1	1	1	0	2
19	0	0	0	2	0	1	0	0	0	2	0	2	2	2	2	2	1	2
20	0	2	2	1	1	2	1	2	0	2	1	2	0	0	0	1	0	1
21	1	0	0	1	1	0	0	0	2	1	0	0	2	2	2	2	2	2
22	1	0	0	1	1	1	0	0	1	1	1	1	2	2	2	2	1	1
23	2	2	2	0	2	2	2	2	1	0	2	1	0	0	0	0	0	0
24	1	2	2	1	1	2	2	2	0	1	1	2	0	0	0	0	0	1
27	2	1	1	1	1	0	1	1	2	0	1	0	1	1	1	1	2	1
28	1	2	2	1	1	2	2	2	0	1	2	2	0	0	0	0	0	0
29	2	0	1	0	2	0	1	1	2	0	1	0	2	1	1	1	2	1
30	1	0	0	1	1	1	0	0	1	1	0	1	2	2	2	2	1	2
31	0	2	2	2	0	2	1	2	0	2	0	2	0	0	0	1	0	2
32	0	0	0	2	0	0	0	0	1	2	0	1	2	2	2	2	2	2
33	0	2	2	2	0	2	1	2	0	2	0	2	0	0	0	1	0	2
34	2	2	2	0	2	1	2	2	1	0	2	1	0	0	0	0	1	0
35	0	1	1	2	0	2	1	1	0	2	0	2	1	1	1	1	0	2
36	2	2	2	0	2	2	2	2	1	0	2	1	0	0	0	0	0	0
39	2	0	0	1	1	0	0	0	2	0	0	0	2	2	2	2	2	2

Abbildung 71: Wunschtableau (Anzahl der erfüllbaren Wünsche bei der Zuordnung von Mannschaften (mit ihren Präferenzen) zu einem Heim-Auswärts-Profil aus Abbildung 65. Die erste Spalte gibt die Teams an, die erste Zeile die Heim-Auswärts-Profile. Der Wert in Spalte $i \in \mathcal{U}$, Zeile $p \in \mathcal{P}$ gibt die Anzahl der erfüllten Wünsche von Team i bei der Wahl von Heim-Auswärtsprofil p, also $c(i, p)$ an, eigene Darstellung)

Bei der Maximierung von *(MATCHHAPS)* ist es möglich, dass man einen Zielfunktionswert f erhält, der nicht alle 36 Präferenzen erfüllt. Liegt der Zielfunktionswert f unterhalb einer vorab festgelegten Schranke s, gilt also $f < s$, so könnte es ein Ausweg sein, ein anderes HAPS zu wählen.

Die aus der Optimierung von *(MATCHHAPS)* erhaltene Zuordnung von Teams zu Heim-Auswärts-Profilen wird in der Optimierungsaufgabe **(ZULSPIELRES)** fixiert. Da die Nebenbedingungen $(NB10)$ und $(NB11)$ den Lösungsraum einschränken, kann nicht garantiert werden, dass für diese Fixierungen eine zulässige Lösung existiert. Gibt es für die gewählte Zuteilung keine zulässige Lösung, so könnte man heuristisch nach einer anderen Zuordnung von Teams zu Heim-Auswärts-Profilen mit dem gleichen optimalen Zielfunkti-onswert f suchen. Dazu muss lediglich in einem Wunschtableau, wie in Abbildung 71, in jeder Zeile und in jeder Spalte genau ein Feld markiert werden. Die Summe der Zahlen in den markierten Feldern ergibt den Zielfunktionswert f^* dieser Team-Profil-Zuordnung. Gilt $f = f^*$, so hat man eine weitere Zuordnung von den Teams zu Profilen des HAPSs gefunden, die in Algorithmus 5 Schritt 8 verwendet werden kann. Ergibt sich für alle heuristisch gefundenen Zuordnungen noch immer kein zulässiger Spielplan, so könnte man eine Restriktion in *(MATCHHAPS)* hinzufügen, die verhindert, dass die maximale erfüllbare Wunschzahl f auch erfüllt wird:

$$\sum_{i \in \mathcal{U}} \sum_{p \in \mathcal{P}} c(i,p) \cdot v(i,p) \leq f - 1 \quad (B3)$$

Bemerkung 6.40: Durch das Hinzufügen von $(B3)$ zu *(MATCHHAPS)* entsteht ein neues binäres Programm. Für dieses kann nicht mehr garantiert werden, dass es in polynomialer Laufzeit lösbar ist.

Durch die Optimierung von *(MATCHHAPS)* ergänzt um $(B3)$ erhält man einen neuen Zielfunktionswert f_1. Anschließend kann mit der neu erhaltenen Zuordnung von Teams zu Heim-Auswärts-Profilen erneut versucht werden, **(ZULSPIELRES)**, ergänzt um die zugehörigen Fixierungen, zu lösen. Wird auch hier keine zulässige Lösung gefunden, so könnte erneut eine heuristische Suche nach weiteren Team-Profil-Zuordnungen mit dem Zielfunktionswert f_1 gestartet werden. Alternativ könnte man auch hier ein anderes HAPS zur Optimierung von *(MATCHHAPS)* benutzen. Zusammengefasst wird dieses Vorgehen noch einmal in Algorithmus 5:

Algorithmus 5:

Input: zulässige HAPSs, **(ZULSPIELRES)**, **(WUNSCHMAXRES)**, *(MATCHHAPS)*, der statische Spielplan aus Abbildung 10 und natürliche Zahlen $s, K, R, L \in \mathbb{N}$

Output: ein zulässiger Spielplan für die Landesliga Nordost, der die Wochentagsrestriktionen erfüllt

1. Initialisiere $t := 0$
2. **WHILE** $(t \leq K)$ **DO**
3. Wähle ein HAPS
4. Die Optimierung von *(MATCHHAPS)* liefert für dieses HAPS den Zielfunktionswert f

160

5. **IF** $f < s$ **THEN** setze $t := t + 1$ und wähle ein anderes HAPS und gehe zu 4.

6. **ELSE** fixiere die Zuordnungen der Mannschaften zu Heim-Auswärts-Profilen in **(ZULSPIELRES)**

    7. **IF** es gibt eine zulässige Lösung **THEN** gib diese als Spielplan aus

    8. **ELSE WHILE** es gibt noch nicht untersuchte heuristisch bestimmte Lösung von *(MATCHHAPS)* mit dem optimalen Zielfunktionswert f und kein anderes Abbruchkriterium tritt ein wähle eine solche, setze $t := t + 1$ und gehe zu 5.

    9. Füge $(B3)$ in *(MATCHHAPS)* ein, setze $t := t + 1$ und gehe zu 4.

10. Initialisiere $b =: 0$

11. **IF** $(b \leq R)$

    12. Wähle zufällig ein als zulässig bekanntes HAPS

    13. Initialisiere $m := 0$

    14. **IF** $(m \leq L)$

        15. Ordne[16] zufällig jedes Team der Liga genau einem Heim-Auswärts-Profil HAPS zu und fixiere die Breaktage und den Spielort aller Teams am ersten Spieltag in **(WUNSCHMAXRES)**

        16. Das Lösen von **(WUNSCHMAXRES)** mit den zusätzlichen Fixierungen liefert entweder die Meldung unzulässig oder einen Spielplan mit Zielfunktionswert z

        17. Speichere die beste bisher gefundene Lösung global ab

        18. **IF** $(z \geq s)$ **THEN STOP**: Gib den Spielplan aus

        19. **ELSE** setze $m = m + 1$ und gehe zu 14.

    20. **ELSE** setze $b = b + 1$ und gehe zu 11.

21. **ELSE**

    22. **IF** eine zulässige Lösung gefunden wurde **THEN** gib die beste gefundene Lösung aus

    23. **ELSE** identifiziere jedes Team mit einer Nummer des statischen Spielplans aus Abbildung 10 entsprechend der Wochentagsbedingungen (analog zu Abbildung 64) und gib den zugehörigen Spielplan aus

Bemerkung 6.41: Der Schritt 23 in Algorithmus 5 wird benötigt, um sicher zu stellen, dass ein zulässiger Spielplan ausgegeben wird.

---

[16] Auch hier wäre, analog zu Algorithmus 4, alternativ ein heuristisches Austauschen der Heim-Auswärts-Profile von Teams möglich

Bemerkung 6.42: Schritt 9 kann mehrfach ausgeführt werden. Dies bedeutet, dass in jeder Iteration eine neue Beschränkung des Zielfunktionswertes vorgenommen wird. Beispiel 6.43 soll dies verdeutlichen:

Beispiel 6.43: Der Zielfunktionswert von *(MATCHHAPS)* in der ersten Iteration ist 36. Es kann für alle (gefundenen) zugehörigen Fixierungen allerdings kein zulässiger Spielplan bestimmt werden. Demnach wird die Restriktion $(B3)$ mit $f - 1 = 36 - 1 = 35$ als rechte Seite in *(MATCHHAPS)* eingefügt. Die Optimierung von *(MATCHHAPS)* liefere nun als neuen Optimalwert 34. Ist auch hierfür kann kein zulässiger Spielplan konstruierbar, wird erneut $(B3)$ mit der rechten Seite $f - 1 = 34 - 1 = 33$ zu *(MATCHHAPS)* hinzugefügt. Dies wird solange durchgeführt, bis entweder ein zulässiger Spielplan gefunden wurde oder die Schranke s unterschritten wurde. Ist letzteres der Fall, so wird ein neues HAPS ausgewählt.

Bemerkung 6.44: In Schritt 8 soll eine andere Lösung, also eine andere Zuordnung von Teams zu den Heim-Auswärts-Profilen, mit dem gleichen optimalen Zielfunktionswert ausgewählt werden. Dies ist nur beschränkt möglich, da von Gurobi nur eine optimale Lösung ausgegeben wird. Weitere optimale Zuordnungen können, wie oben beschrieben, heuristisch gefunden werden.

Bemerkung 6.45: Durch die Wochentagsrestriktionen kann die Suche nach Team-Profil-Zuordnungen in einem HAPS, welche eine bestimmte Anzahl an Wünschen erfüllen und zu zulässigen Spielplänen führen, allerdings zur Suche nach der berühmten Nadel im Heuhaufen werden. Deshalb wird diese Suche nach einer bestimmten Iterationszahl abgebrochen. Wird also in den Schritten 1. bis 9. im Iterationsverlauf keine Lösung des Spielplanerstellungsproblems gefunden, so wird ab Schritt 10 ein anderes Vorgehen eingesetzt, welches im Großen und Ganzen Algorithmus 4 entspricht. Ab hier werden die Wünsche durch Zuordnungen von Teams zu Profilen des HAPSs nicht mehr automatisch erfüllt. Es wird stattdessen zufällig ein HAPS ausgewählt, die Teams werden zufällig zu Profilen zugeteilt und es wird versucht die Anzahl der erfüllbaren Wünsche zu maximieren. Wird hierbei ein zulässiger Spielplan gefunden, der einen Zielfunktionswert von mindestens s hat, so wird dieser ausgegeben. Ist dies nicht der Fall, so wird am Schluss der Spielplan mit dem besten Zielfunktionswert ausgegeben. Wird keine zulässige Lösung gefunden, so verwendet man den statischen Spielplan aus Abbildung 10.

Bemerkung 6.46: In Schritt 8 sowie im Vorgehen von Schritt 10. bis 23. (analog zu Algorithmus 4, vgl. Bemerkung 6.32) gibt es erneut Parallelisierungsmöglichkeiten.

Bemerkung 6.47: **(WUNSCHMAXRES)** wird im obigen Algorithmus 5 mit der Maximierungsvariante der Zielfunktion verwendet (vgl. 6.2.2.2).

Die Inspiration für dieses Vorgehen stammt aus [BAR01, S.122ff.], [RIB06, S.147ff.] und [TRI07, S.9]. Jedoch wurden die dort vorgestellten Inhalte noch stark abgeändert.

6.5.2.2 Ergebnisse

Wie bereits weiter oben erwähnt, wurde zunächst das HAPS aus Abbildung 65 gewählt. Zudem soll in Algorithmus 5 gelten:

$$s = 32, K = 20, R = 2 \text{ und } L = 10$$

Die Optimierung von *(MATCHHAPS)* liefert in 0,01 *sek* eine Zuordnung von Mannschaften zu Profilen mit einem optimalen Zielfunktionswert von 36. Die erhaltene Zuordnung der Teams zu den Heim-Auswärtsprofilen aus Abbildung 65 ist in Abbildung 72 in der Spalte „Zuordnung *(MATCHHAPS)*" dargestellt. Anhand dieser Team-Profil-Zuordnung kann ein zulässiger Spielplan konstruiert werden (vgl. Abbildung 73), der alle Wünsche der Vereine erfüllt. Algorithmus 5 kann somit abbrechen und den zulässigen Spielplan ausgeben. Dennoch wurden weitere heuristisch gefundenen Zuordnungen, welche ebenfalls alle Präferenzen erfüllen, darauf getestet, ob auch diese zu zulässigen Spielplänen führen. Die heuristischen Zuteilungen sind in Abbildung 72 in den Spalten „X. Heuristische Lösung" aufgeführt:

Team	Zuordnung (MATCHHAPS)	1.Heuristische Lösung (HL)	2. HL	3. HL	4. HL	5. HL
12	F	D	F	L	F	F
19	M	O	O	O	O	O
20	J	J	J	J	J	J
21	Q	N	N	N	N	N
22	N	M	M	M	M	M
23	G	G	B	B	B	B
24	B	B	C	G	G	G
27	I	X	Q	Q	Q	Q
28	K	C	K	K	K	K
29	X	Q	E	X	E	E
30	O	P	R	P	P	P
31	D	L	D	C	L	L
32	R	R	P	D	D	R
33	Y	Y	Y	F	Y	C
34	C	K	X	E	X	Y
35	L	F	L	R	R	D
36	E	E	G	Y	C	X
39	P	I	I	I	I	I

Abbildung 72: Zuordnungen von Teams zu Heim-Auswärts-Profilen aus Abbildung 65, die jeweils alle 36 Wünsche erfüllen: Die erste Spalte ist hierbei die von Gurobi ausgegebene Lösung zu *(MATCHHAPS)*, die anderen Zuteilungen wurden heuristisch ermittelt (eigene Darstellung)

Die Fixierungen der Heim-Auswärts-Profile zu den Vereinen im Modell **(ZULSPIELRES)** werden nun in der 1. Iteration sowie für alle heuristisch gefundenen Lösungen analog zu Beispiel 6.29 vorgenommen, das heißt bei jedem Team wird der Breaktage, sofern es einen solchen besitzt, und der Spielort am ersten Spieltag fixiert.

Beispiel 6.48: Der FSV Stadeln (32) bekommt in der ersten Iteration das Profil *R* aus Abbildung 65. Demnach hat Stadeln ein Break am 6. Spieltag und startet am 1. Spieltag auswärts. Dies führt zu den Fixierungen:

$$b(32,6) = 1 \quad \text{und} \quad \sum_{\substack{j \in U \\ j \neq 32}} x(j, 32, 1) = 1$$

Bemerkung 6.49: Auf die Formulierung der Wünsche als Zielfunktion kann man in Algorithmus 5 in den Schritten 1. bis 9. verzichten, da durch die Zuordnung von Teams zu Heim-Auswärts-Profilen des HAPSs ohnehin schon klar ist, welche Präferenzen erfüllt werden und welche nicht. Somit ermöglicht dieses Vorgehen, dass man zusätzlich eine Zielfunktion (z.B. erneut die Fairnessfunktion) definieren kann. Man könnte demnach in Algorithmus 5 statt **(ZULSPIELRES)** auch **(FAIRNESSMAXRES)** verwenden. Dies soll allerdings Inhalt der Spielplangenerierung für die Landesliga Mitte sein.

Im Folgenden soll nun eine Übersicht über die von Gurobi gelieferten Ergebnisse für die Team-Profil-Zuordnungen aus Abbildung 72 präsentiert werden.

	1. Iteration	1. HL	2. HL	3. HL	4. HL	5. HL
Zulässige Lösung	Ja	Ja	Ja	Ja	Ja	Ja
Laufzeit	29 _sek_	42 _sek_	38 _sek_	33 _sek_	24 _sek_	25 _sek_

Abbildung 73: Ergebnisse der Team-Profil-Zuordnungen aus Abbildung 72 (eigene Darstellung)

Schon in der ersten Iteration, also anhand der von _(MATCHHAPS)_ gelieferten Team-Profil-Zuordnung, liefert Algorithmus 5 mit Hilfe von Gurobi in 29 _sek_ einen zulässigen Spielplan, der alle 36 Wünsche der Mannschaften erfüllt. Somit kann Algorithmus 5 bereits nach der ersten Iteration abbrechen und den Spielplan ausgeben. Darüber hinaus führen alle heuristisch ermittelten Team-Profil-Zuordnungen zu einem zulässigen Spielplan. Dargestellt wird der Spielplan, den man anhand der Team-Profil-Zuweisungen der fünften heuristischen Lösung erhält, in Abbildung 74. Grün markiert sind darin die Teams an den Spieltagen, an denen sie Wünsche hatten, die erfüllt wurden. Rot markiert wären, wenn vorhanden, nicht erfüllte Wünsche.

Spieltag 1	Spieltag 2	Spieltag 3
Fürth – Bamberg	Bamberg – Buckenhofen	Feucht – Bamberg
Friesen – Pegnitz	Neudrossenfeld –Friesen	Friesen – Stadeln
Veitsbronn – Burgkunstadt	Burgkunstadt – Pettstadt	Bayreuth – Burgkunstadt
Bayreuth – Neudrossenfeld	Nürnberg – Bayreuth	Neudrossenfeld – Pegnitz
Pettstadt – Trogen	Trogen – Oberkotzau	Veitsbronn – Trogen
Oberkotzau – Buch	Stadeln – Strullendorf	Oberkotzau – Fürth
Strullendorf – Vach	Pegnitz – Feucht	Strullendorf – Nürnberg
Buckenhofen – Stadeln	Vach – Veitsbronn	Pettstadt – Buch
Feucht – Nürnberg	Buch – Fürth	Buckenhofen – Vach

Spieltag 4	Spieltag 5	Spieltag 6
Bamberg – Bayreuth	Veitsbronn – Bamberg	Bamberg – Strullendorf
Burgkunstadt – Friesen	Friesen – Vach	Oberkotzau – Friesen
Stadeln – Neudrossenfeld	Strullendorf – Burgkunst.	Burgkunstadt – Pegnitz
Trogen – Strullendorf	Neudrossenfeld – Nürnberg	Vach – Neudrossenfeld
Oberkotzau – Pettstadt	Bayreuth – Buch	Trogen – Bayreuth
Fürth – Buckenhofen	Feucht – Trogen	Pettstadt – Feucht
Nürnberg – Pegnitz	Buckenhofen – Oberkotzau	Buch – Buckenhofen
Vach – Feucht	Pettstadt – Fürth	Nürnberg – Stadeln
Buch – Veitsbronn	Pegnitz – Stadeln	Fürth – Veitsbronn

Spieltag 7	Spieltag 8	Spieltag 9
Pegnitz – Bamberg	Bamberg – Stadeln	Neudrossenfeld – Bamberg
Friesen – Nürnberg	Buch – Friesen	Friesen – Trogen
Stadeln – Burgkunstadt	Burgkunst. – Neudrossenf.	Nürnberg – Burgkunstadt
Neudrossenfeld – Trogen	Oberkotzau – Bayreuth	Bayreuth – Fürth
Bayreuth – Vach	Trogen – Pegnitz	Feucht – Oberkotzau
Veitsbronn – Oberkotzau	Fürth – Strullendorf	Strullendorf – Pettstadt
Strullendorf – Buch	Pettstadt – Veitsbronn	Veitsbronn – Buckenhofen
Buckenhofen – Pettstadt	Buckenhofen – Feucht	Pegnitz – Vach
Feucht – Fürth	Vach – Nürnberg	Stadeln – Buch

166

Spieltag 10	Spieltag 11	Spieltag 12
Bamberg – Burgkunstadt	Nürnberg – Bamberg	Bamberg – Vach
Pettstadt – Friesen	Friesen – Fürth	Buckenhofen – Friesen
Fürth – Neudrossenfeld	Burgkunstadt – Vach	Trogen – Burgkunstadt
Buckenhofen – Bayreuth	Neudrossenfeld – Pettstadt	Buch – Neudrossenfeld
Trogen – Nürnberg	Bayreuth – Veitsbronn	Feucht – Bayreuth
Oberkotzau – Strullendorf	Stadeln – Trogen	Oberkotzau – Stadeln
Buch – Pegnitz	Pegnitz – Oberkotzau	Veitsbronn – Strullendorf
Vach – Stadeln	Strullendorf – Buckenhofen	Pettstadt – Pegnitz
Veitsbronn – Feucht	Feucht – Buch	Fürth – Nürnberg

Spieltag 13	Spieltag 14	Spieltag 15
Friesen – Bamberg	Trogen – Bamberg	Bamberg – Pettstadt
Burgkunstadt – Buch	Veitsbronn – Friesen	Friesen – Feucht
Neudrossenf. – Oberkotzau	Feucht – Burgkunstadt	Burgkunstadt – Oberkotzau
Bayreuth – Pettstadt	Buckenh. – Neudrossenf.	Neudrossenf. – Strullendorf
Vach – Trogen	Strullendorf – Bayreuth	Stadeln – Bayreuth
Strullendorf – Feucht	Oberkotzau – Vach	Trogen – Buch
Nürnberg – Buckenhofen	Pettstadt – Stadeln	Pegnitz – Buckenhofen
Pegnitz – Veitsbronn	Fürth – Pegnitz	Vach – Fürth
Stadeln – Fürth	Buch – Nürnberg	Nürnberg – Veitsbronn

Spieltag 16	Spieltag 17
Buch – Bamberg	Bamberg – Oberkotzau
Strullendorf – Friesen	Friesen – Bayreuth
Fürth – Burgkunstadt	Burgkunst. – Buckenhofen
Feucht – Neudrossenfeld	Neudrossenf. – Veitsbronn
Bayreuth – Pegnitz	Trogen – Fürth
Buckenhofen – Trogen	Pegnitz – Strullendorf
Oberkotzau – Nürnberg	Nürnberg – Pettstadt
Pettstadt – Vach	Vach – Buch
Veitsbronn – Stadeln	Stadeln – Feucht

Abbildung 74: Der Spielplan für die Landesliga Nordost: Dargestellt ist nur die Hinrunde, die Rückrunde ist bis auf das getauschte Heimrecht in jeder Partie identisch zur Hinrunde (eigene Darstellung)

Bemerkung 6.50: Die hier gefundene Lösung ist optimal, da sie die maximal mögliche Anzahl an Wünschen erfüllt.

Bemerkung 6.51: Es wurden auch noch andere zufällig erzeugte Wünsche der Vereine getestet. Hier konnte lediglich ein Spielplan bestimmt werden, der 28 der 36 Präferenzen erfüllt. In den Schritten 1. bis 9. konnte dabei kein zulässiger Spielplan konzipiert werden. Erst durch die Anwendung von **(WUNSCHMAXRES)** in den Schritten 10. bis 23. war es möglich, einen zulässigen Spielplan zu generieren.

6.5.3 Spielplan für die Landesliga Mitte

6.5.3.1 Vorgehensweise

Ziel dieses Paragraphen ist es, einen Spielplan für die Testinstanz Landesliga Mitte zu entwickeln, der möglichst viele Wünsche der Vereine erfüllt und zudem noch fair ist. Der BFV beachtet bislang keine Wochentagsrestriktionen. Sollte dies auch in Zukunft so bleiben, werden also weiterhin ($NB10$) und ($NB11$) nicht zwangsläufig erfüllt, so kann recht einfach ein fairer Spielplan konstruiert werden, welcher die maximal erfüllbare Anzahl an Wünschen auch bedient.

Bemerkung 6.52: Es wäre problemlos möglich, anhand der in 6.4.1 oder 6.4.2 vorgestellten Methoden, auch für die Landesliga Mitte einen Spielplan zu konzipieren, der die Wochentags-restriktionen erfüllt. Auch die noch folgenden Abschnitte 6.4.4 bzw. 6.4.5 könnten eingesetzt werden, um für die Landesliga Mitte einen Spielplan zu erzeugen, welcher die Wochentags-bedingungen einhält.

Zur Konstruktion eines Spielplans, der sowohl Wünsche als auch Fairness berücksichtigt, könnte **(KOMBIMAX)** verwendet werden. Jedoch soll hier anders vorgegangen werden. Wie schon in 6.4.2 wird versucht, für ein gegebenes HAPS eine Zuteilung der Teams zu Heim-Auswärts-Profilen zu finden, welche die für dieses HAPS maximal erfüllbare Anzahl an Wünschen f_{max} auch realisiert. Anschließend soll für diese Team-Profil-Zuteilung die Fairness des Spielplans maximiert werden. Dazu werden im Modell **(FAIRNESSMAX)** die Team-Profil-Zuordnungen fixiert, welche die Anzahl der erfüllbaren Präferenzen maximiert. Natürlich können auch hier zusätzlich wieder heuristisch gefundene Team-Profil-Zuteilung, welche ebenfalls f_{max} Wünsche bedienen, verwendet werden, um gegebenenfalls einen

Spielplan mit einem besseren, also kleineren, Fairnesswert zu finden. Zusammengefasst wird dieses Vorgehen in Algorithmus 6:

Algorithmus 6:

Input: ein zulässiges HAPS, **(FAIRNESSMAX)**, *(MATCHHAPS)* und eine natürliche Zahl $N \in \mathbb{N}$

Output: Ein Spielplan für die Landesliga Mitte, der die größtmögliche Anzahl an Wünschen erfüllt und zudem noch „fair" ist

1. Wähle ein zulässiges HAPS
2. Die Optimierung von *(MATCHHAPS)* liefert die maximal erfüllbare Anzahl an Wünschen f_{max}
3. Fixiere die zugehörige Zuordnung von Teams zu Heim-Auswärts-Profilen in **(FAIRNESSMAX)**
4. Die Optimierung des entstehenden binäre Programms liefert Zielfunktionswert z
5. Initialisiere $u := 1$
6. **WHILE** es gibt noch nicht untersuchte heuristisch gefundene Team-Profil-Zuordnungen, welche f_{max} Wünsche erfüllen und $(u \leq N)$ **DO**
    7. Wähle eine solche Team-Profil-Zuordnung und fixiere diese in **(FAIRNESSMAX)**
    8. Die Optimierung des entstehendes binären Programmes liefert Zielfunktionswert z_u
    9. Setze $u := u + 1$ und gehe zu 6.
10. Gib den Spielplan mit dem kleinsten Zielfunktionswert aus

Bemerkung 6.53: Bei *(MATCHHAPS)* ändert sich im Vergleich zum Abschnitt 6.4.2 durch die neue Testinstanz die Menge der Mannschaften, so dass

$$\mathcal{U} = \{25, 26, 37, 38, 40, 41, 42, 43, 44, 45, 46, 47, 48, 49, 50, 51, 52, 53\}$$

definiert werden muss. Die neuen Werte für $c(i.p) \ \forall \ i \in \mathcal{U}, \forall \ p \in \mathcal{P}$ sind in Abbildung 76 dargestellt. Im Übrigen bleibt *(MATCHHAPS)* unverändert.

Bemerkung 6.54: Die Fixierung der Teams zu Heim-Auswärts-Profilen wird analog zu Beispiel 6.48 vorgenommen.

Bemerkung 6.55: Natürlich kann man Algorithmus 6 mehrfach mit verschiedenen HAPSs ausführen. Es ist dabei möglich, dass verschiedene HAPS eine unterschiedliche Anzahl an maximal erfüllbaren Wünschen aufweisen. Ausgegeben werden soll dann ein möglichst fairer Spielplan für das HAPS, dass die größte Anzahl an Wünschen realisiert.

Bemerkung 6.56: Auch bei Algorithmus 6 besteht die Möglichkeit zur Parallelisierung. So könnte man die verschiedenen heuristisch gefundenen Team-Profil-Zuordnungen parallel auf mehreren Rechnern laufen lassen.

Die nachfolgende Tabelle soll die zufällig[17] erzeugten Wünsche (Wahrscheinlichkeit für einen Heimspielwunsch 70 %, Spieltage werden gleichverteilt ausgewürfelt) darstellen. Da bei dem Spielplan für die Landesliga Mitte keine Wochentagsrestriktionen beachtet werden, sind auch Wünsche an den Spieltagen 2, 6, 19 und 23 erlaubt. Weiterhin verboten sind Präferenzen für die Spieltage 16, 17, 33 und 34.

---

[17] Erzeugt wurden die Wünsche zufällig mit Hilfe des Statistik Programms R Studio

Team	1. Wunsch	2. Wunsch	1. Wunsch für SRRT	2. Wunsch für SRRT
25	24 – H	5 – A	7 – A	5 – A
26	26 – A	10 – H	9 – H	10 – H
37	22 – H	3 – A	5 – A	3 – A
38	30 – H	31 – H	13 – A	14 – A
40	24 – A	8 – H	7 – H	8 – H
41	27 – H	30 – H	10 – A	13 – A
42	1 – H	19 – H	1 – H	2 – A
43	4 – H	7 – H	4 – H	7 – H
44	4 – H	29 – H	4 – H	12 – A
45	5 – H	24 – H	5 – H	7 – A
46	29 – A	4 – H	12 – H	4 – H
47	1 – H	6 – H	1 – H	6 – H
48	12 – H	5 – H	12 – H	5 – H
49	21 – A	26 – H	4 – H	9 – A
50	19 – A	11 – H	2 – H	11 – A
51	21 – H	5 – H	4 – A	5 – H
52	18 – H	10 – H	1 – A	10 – H
53	13 – H	27 – H	13 – H	10 – A

Abbildung 75: Wünsche der Landesliga Mitte (Da ein Spielplan für ein SRRT bestimmt wird, werden Wünsche, die sich auf die Rückrunde beziehen in der 4. und 5. Spalte auf die Hinrunde übertragen, eigene Darstellung)

Bei einer genauen Betrachtung der Wünsche stellt man fest, dass zur Erfüllung aller Wünsche ein HAPS benötigt wird, welches an den Spieltagen 8, 10 und 14 ein Break hat. Dazu eignet sich erneut das HAPS aus Abbildung 65. Das HAPS aus Abbildung 66 hingegen wäre nicht geeignet. Im nachfolgenden Wunschtableau sind, wie schon in Abbildung 71, für alle Mannschaften die Anzahl der erfüllbaren Wünsche bei der Zuordnung zu den einzelnen Heim-Auswärts-Profilen der Abbildung 65 dargestellt.

	X	B	C	D	E	F	G	Y	I	J	K	L	M	N	O	P	Q	R
25	0	2	2	2	0	2	2	2	0	2	1	2	0	0	0	0	0	1
26	2	1	1	1	1	1	1	1	1	0	1	1	1	1	1	1	1	1
37	0	2	2	2	0	2	1	2	0	2	0	2	0	0	0	1	0	2
38	1	1	1	1	1	2	1	1	1	1	1	1	1	1	1	1	0	1
40	1	1	1	0	2	1	1	1	1	1	1	1	1	1	1	1	1	1
41	1	1	1	1	1	1	1	1	2	1	1	0	1	1	1	1	1	1
42	2	0	2	0	2	0	2	0	2	0	2	0	2	0	2	0	2	0
43	1	1	1	1	1	1	1	1	1	1	0	1	1	1	1	1	1	2
44	0	1	1	2	0	1	1	1	0	2	0	2	1	1	1	1	1	2
45	1	1	1	1	1	1	1	1	1	1	2	1	1	1	1	1	1	0
46	1	2	2	1	1	2	2	2	1	1	1	1	0	0	0	0	0	1
47	1	1	2	1	1	1	2	1	1	1	2	1	1	0	1	0	1	0
48	2	1	1	0	2	1	1	1	2	0	2	0	1	1	1	1	1	0
49	0	2	2	1	1	2	2	2	0	2	1	2	0	0	0	0	0	1
50	1	2	1	1	1	2	1	2	0	1	1	2	0	1	0	1	0	1
51	2	0	0	0	2	0	0	0	2	0	2	0	2	2	2	2	2	0
52	1	2	1	1	1	2	1	2	0	1	1	2	0	1	0	1	0	1
53	0	0	0	2	0	0	0	0	1	2	0	1	2	2	2	2	2	2

Abbildung 76: Wunschtableau (Anzahl der erfüllbaren Wünsche bei der Zuordnung von Mannschaften (mit ihren Präferenzen) zu einem Heim-Auswärts-Profil aus Abbildung 65. Die erste Spalte gibt die Teams an, die erste Zeile die Heim-Auswärts-Profile. Der Wert in Spalte $i \in \mathcal{U}$, Zeile $p \in \mathcal{P}$ gibt die Anzahl der erfüllten Wünsche von Mannschaft i bei der Wahl von Heim-Auswärts-Profil p, also $c(i, p)$ an, eigene Darstellung)

Damit ein fairer Spielplan anhand von **(FAIRNESSMAX)** generiert werden kann, müssen noch Stärkegruppen für die Landesliga Mitte bestimmt werden. Vorgegangen wird dabei wie in 6.2.2.1 beschrieben. Die drei Stärkegruppen lauten (vgl. [ABS2] & [ABS3] & [TAB1] & [TAB2]):

$\mathcal{V}_1 = \{$ DJK Vilzing (2), SV Etzenricht (3), ASV Cham (3), VfB Bach (6), SpVgg Ruhmannsfelden (7), 1.FC Bad Kötzting (8) $\}$

$\mathcal{V}_2 = \{$ TSV Bad Abbach (9), 1 V Schierling (10), TSV Kareth-Lappersdorf (11), Vorwärts Röslau (11), FC Tegernheim (12), Fortuna Regensburg (13) $\}$

$\mathcal{V}_3$ = { SV Mitterteich (13), TSV Kirchenlaibach-Speichersdorf (Auf), SC Ettmannsdorf (Auf), SpVgg Lam (Auf), ASV Burglengenfeld (Auf), SV Burgweinting (Auf) }

Die Zahlen in den Klammern hinter den Vereinen geben die Platzierung der Teams in der Vorsaison an.

Dieser Abschnitt ist angelehnt an [TRI07, S.9] und [RIB06, S.147ff.]. Es wurden jedoch zahlreiche Modifikationen des darin vorgeschlagenen Vorgehens vorgenommen.

6.5.3.2 Ergebnisse

Die Optimierung von *(MATCHHAPS)* mit Gurobi liefert in 0,01 *sek* einen Zielfunktionswert von 34. Dies bedeutet, dass maximal 34 der 36 von den in Abbildung 75 aufgeführten Wünschen in einem Spielplan im SRRT- (4. und 5. Spalte) bzw. im gespiegelten DRRT-Format (2. und 3. Spalte) bei der Anwendung des HAPSs aus Abbildung 65 gleichzeitig erfüllbar sind. Die dazugehörende Team-Profil-Zuordnung sowie weitere heuristisch bestimmte Team-Profil-Zuteilungen, welche ebenfalls exakt 34 Wünsche realisieren, sind in Tabelle 77 präsentiert.

Team	Zuordnung (MATCHHAPS)	1. heuristische Zuordnung	2. heuristische Zuordnung
25	F	C	G
26	P	X	X
37	C	D	D
38	O	O	F
40	E	E	P
41	I	I	I
42	Q	Q	Q
43	R	R	R
44	D	J	J
45	K	K	K
46	Y	Y	C
47	G	G	O
48	X	P	E
49	J	F	Y
50	L	B	L
51	N	N	N
52	B	L	B
53	M	M	M

Abbildung 77: Team-Profil-Zuordnungen (zu den Profilen aus Abbildung 65) in der Landesliga Mitte, die jeweils 34 der oben aufgeführten 36 Wünsche realisieren (eigene Darstellung)

Bemerkung 6.57: Im Gegensatz zu den Ansätzen der Spielplangenerierung in der Landesliga Nordwest bzw. Nordost kann hier für jede Team-Profil-Zuordnung ein zulässiger Spielplan erzeugt werden. Dies liegt daran, dass ein zulässiges HAPS stets einen gültigen Spielplan liefert (vgl. Bemerkung 6.27 und Beispiel 6.28). Die Einhaltung der Wochentagsrestriktionen schränkt dagegen den Lösungsraum ein, so dass nicht für jede Zuteilung von Mannschaften zu Heim-Auswärts-Profilen ein gültiger Spielplan gefunden werden kann.

Bemerkung 6.58: Die sogenannten heuristischen Zuordnungen kann man auch mittels *(MATCHHAPS)* finden. Hierzu setzt man eine oder mehrere Zuteilungen einer schon bekannten Lösung auf 0 und startet dann erneut die Optimierung von *(MATCHHAPS)* mit Gurobi.

Alle dadurch gefundenen Lösungen, welche einen bestimmten Zielfunktionswert aufweisen, werden schließlich weiter verwendet[18]. Beispiel 6.61 soll dies exemplarisch darstellen.

Beispiel 6.59: In der Zuteilung von *(MATCHHAPS)* war Team 26 dem Profil *P* zugeordnet. Zur Bestimmung einer anderen Lösung wird die Variable

$$x(26, P) = 0$$

gesetzt und als zusätzliche Nebenbedingung in *(MATCHHAPS)* eingefügt. Die Optimierung mit Hilfe von Gurobi liefert schließlich eine andere Zuordnung von Heim-Auswärts-Profilen zu den Teams, welche ebenfalls den Zielfunktionswert 34 hat. Daher kann diese Zuordnung als 1. heuristische Zuordnung verwendet werden.

Bemerkung 6.60: Selbstverständlich werden die Team-Profil-Zuordnungen der heuristischen Lösungen in **(FAIRNESSMAX)** jeweils analog zu Beispiel 6.48 fixiert.

	Zuordnung ($MATCHHAPS$)	1. heuristische Zuordnung	2. heuristische Zuordnung
Beste gefundene Lösung	47	45	27
Optimality Gap	0,0 %	0,0 %	0,0 %
Laufzeit	12501 *sek*	9141 *sek*	5516 *sek*

Abbildung 78: Ergebnisse der Team-Profil-Zuordnungen aus Abbildung 77 (eigene Darstellung)

Bemerkung 6.61: Es ist durchaus möglich, dass es für das gewählte HAPS eine Team-Profil-Zuordnung gibt, die ebenfalls 34 der 36 Wünsche erfüllt und einen kleineren Zielfunktionswert hat. Trotzdem geben wir uns an dieser Stelle mit dem Zielfunktionswert 27 zufrieden. Der Spielplan, den Gurobi für die 2. heuristische Zuordnung (vgl. Abbildung 77 und 78) liefert, ist in der nachfolgenden Abbildung 79 dargestellt. Man beachte, dass dieser Spielplan die Wochentagsrestriktionen nicht berücksichtigt. Erfüllte Wünsche werden grün markiert, nicht erfüllte rot. Zusätzlich werden Teams, die zwei Mal nacheinander gegen eine Mannschaft aus der gleichen Stärkegruppe spielen, an den betroffenen beiden Spieltagen unterstrichen.

---

[18] Nach diesem Vorgehen können auch die in Kapitel 6.4.2 benötigten heuristischen Zuordnungen gefunden werden

1. Spieltag	2. Spieltag	3. Spieltag
Röslau – Bach	Burgweinting – Röslau	Röslau – Kareth
Kirchenlaib. – Mitterteich	Schierling – Kirchenlaib.	Kirchenlaib. – Burgweint.
Burglengenf. – Etzenricht	Mitterteich – Vilzing	Cham – Mitterteich
Ruhmannsf. – Ettmannsd.	Etzenricht – Tegernheim	Vilzing – Etzenricht
Vilzing – Bad Kötzting	Ettmannsd. – Regensburg	Bad Abbach – Ettmannsd.
Cham – Burgweinting	Bad Abbach – Cham	Regensburg – Bad Kötzting
Tegernheim – Lam	Bad Kötzting – Ruhmannsf.	Ruhmannsfelden – Lam
Kareth – Schierling	Bach – Kareth	Burglengenfeld – Bach
Regensburg – Bad Abbach	Lam – Burglengenfeld	Tegernheim – Schierling

4. Spieltag	5. Spieltag	6. Spieltag
Röslau – Ruhmannsfelden	Burglengenfeld – Röslau	Röslau – Cham
Etzenricht – Kirchenlaibach	Kirchenlaibach – Bach	Kareth – Kirchenlaibach
Mitterteich – Bad Abbach	Ettmannsdorf – Mitterteich	Mitterteich – Bad Kötzting
Bad Kötzting – Ettmannsd.	Ruhmannsf. – Etzenricht	Etzenricht – Regensburg
Burgweinting – Vilzing	Vilzing – Schierling	Schierling – Ettmannsdorf
Schierling – Cham	Cham – Lam	Bach – Vilzing
Lam – Regensburg	Bad Abbach – Bad Kötzting	Lam – Bad Abbach
Kareth – Burglengenfeld	Regensburg – Burgweinting	Burglengenf. – Tegernheim
Bach – Tegernheim	Tegernheim – Kareth	Burgweinting – Ruhmannsf.

7. Spieltag	8. Spieltag	9. Spieltag
Tegernheim – Röslau	Röslau – Kirchenlaibach	Vilzing – Röslau
Kirchenlaib. – Burglengenf.	Lam – Mitterteich	Kirchenlaib. – Tegernheim
Regensburg – Mitterteich	Etzenricht – Ettmannsdorf	Mitterteich – Schierling
Cham – Etzenricht	Burglengenfeld – Vilzing	Bad Abbach – Etzenricht
Ettmannsd. – Burgweinting	Tegernheim – Cham	Ettmannsdorf – Lam
Vilzing – Kareth	Kareth – Bad Kötzting	Cham – Bach
Bad Kötzting – Lam	Bach – Regensburg	Bad Kötzting – Burgweint.
Ruhmannsfelden – Bach	Burgweinting – Bad Abbach	Ruhmannsf. – Burglengenf.
Bad Abbach – Schierling	Schierling – Ruhmannsf.	Regensburg – Kareth

10. Spieltag	11. Spieltag	12. Spieltag
Röslau – Bad Abbach	Mitterteich – Röslau	Röslau – Bad Kötzting
Kirchenlaibach – Vilzing	Ruhmannsf. – Kirchenlaib.	Kirchenlaib. – Regensburg
Burgweinting – Mitterteich	Bad Kötzting – Etzenricht	Etzenricht – Mitterteich
Etzenricht – Lam	Ettmannsdorf – Kareth	Burglengenf. – Ettmannsd.
Bach – Ettmannsdorf	Vilzing – Tegernheim	Vilzing – Cham
Kareth – Cham	Cham – Burglengenfeld	Bach – Lam
Schierling – Bad Kötzting	Lam – Burgweinting	Kareth – Ruhmannsfelden
Tegernheim – Ruhmannsf.	Regensburg – Schierling	Schierling - Burgweinting
Burglengenf. – Regensburg	Bad Abbach – Bach	Tegernheim – Bad Abbach

13. Spieltag	14. Spieltag	15. Spieltag
Regensburg – Röslau	Röslau – Lam	Schierling – Röslau
Cham – Kirchenlaibach	Kirchenlaib. – Ettmannsd.	Bad Abbach – Kirchenlaib.
Mitterteich – Kareth	Bach – Mitterteich	Mitterteich – Tegernheim
Burgweinting – Etzenricht	Schierling – Etzenricht	Etzenricht – Bach
Ettmannsd. – Tegernheim	Vilzing – Regensburg	Ettmannsdorf – Cham
Ruhmannsfelden – Vilzing	Cham – Ruhmannsfelden	Lam – Vilzing
Bad Kötzting – Bach	Tegernheim – Bad Kötzting	Bad Kötzting – Burglengenf.
Lam – Schierling	Burglengenf. – Burgweint.	Burgweinting – Kareth
Bad Abbach – Burglengenf.	Kareth – Bad Abbach	Regensburg – Ruhmannsf.

16. Spieltag	17. Spieltag
Röslau – Ettmannsdorf	Etzenricht – Röslau
Kirchenlaibach – Lam	Bad Kötzting – Kirchenlaib.
Ruhmannsf. – Mitterteich	Mitterteich – Burglengenf.
Kareth – Etzenricht	Ettmannsdorf – Vilzing
Vilzing – Bad Abbach	Regensburg – Cham
Cham – Bad Kötzting	Lam – Kareth
Burglengenfeld – Schierling	Burgweinting – Tegernheim
Tegernheim – Regensburg	Bad Abbach – Ruhmannsf.
Bach – Burgweinting	Schierling – Bach

Abbildung 79: Spielplan für die Landesliga Mitte (34 von 36 Wünsche werden realisiert und 27 Mal hat ein Team zwei Spiele in Folge gegen eine Mannschaft aus der gleichen Stärkegruppe statt. Dargestellt ist nur die

Hinrunde, die Rückrunde ist bis auf das getauschte Heimrecht in jeder Partie identisch zur Hinrunde, eigene Darstellung)

6.5.4 Spielplan für die Landesliga Südost

Bislang wurde davon ausgegangen, dass ein Spielplan für ein SRRT konstruiert werden kann und auch soll, der die minimale Anzahl an Breaks hat. Die Vereine durften lediglich Präferenzen für einige wenige Termine angeben. Nicht berücksichtigt wurden Stadionsperren. Die Sportanlagen vieler Vereine werden nicht nur für Fußballspiele genutzt, sondern es werden dort auch andere Veranstaltungen abgehalten. Daher ist es möglich, dass eine Mannschaft an bestimmten Spieltagen nicht zu Hause spielen kann (vgl. [BAR01, S.22]).

Beispiel 6.62: Das Sportgelände des TSV Musterstadt ist Eigentum der Gemeinde und wird von dieser sehr häufig zum Ausrichten anderer Veranstaltungen benutzt. Am dritten Spieltag der Saison findet das alljährliche Weinfest statt, am sechsten Spieltag wurde die Sportanlage an den Hundezüchterverein zur Austragung der deutschen Hundeschaumeisterschaften vermietet und am elften Spieltag ist ein Rockkonzert der Band „The Musters" geplant. Dies bedeutet, dass der TSV Musterstadt an diesen drei Spieltagen nicht zu Hause spielen kann.

3	4	5	6	7	8	9	10	11
A			A					A

Abbildung 80: Stadionsperren des TSV Musterstadt (eigene Darstellung)

Man erkennt bei der Betrachtung von Abbildung 80, dass der TSV Musterstadt entweder am vierten oder am fünften Spieltag ein Break haben muss. Zusätzlich muss das Heim-Auswärts-Profil des TSV Musterstadt ein weiteres Break zwischen dem siebten und dem elften Spieltag aufweisen. Es kann also kein SRRT-Spielplan konzipiert werden, bei dem der TSV Musterstadt nur ein Break hat.

6.5.4.1 Vorgehensweise

In diesem Abschnitt soll ein abgewandeltes First-Schedule-Then-Break-Verfahren auf die Testinstanz Landesliga Südost angewendet werden. Dazu werden alle Stadionsperren und alle Wünsche der Teams als Nebenbedingungen fixiert. Ziel ist es, einen SRRT-Spielplan mit einer möglichst kleinen Anzahl an Breaks zu erhalten. Ein gespiegeltes DRRT erhält man dann wieder, in dem der Spielplan für die Rückrunde, bis auf das getauschte Heimrecht in jeder Partie, identisch zu dem der Hinrunde ist.

Satz 6.63: Sei $N \in \mathbb{N}$. Die Minimierung der Breaks in einem unvollständigen SRRT-Spielplan mit N Mannschaften und einer festen Anzahl $r \geq 3$ an Spieltagen ist NP-schwer (vgl. [POS06, S.166ff.]).

Auf einen Beweis von Satz 6.63 wird hier verzichtet. Er ist in [POS06, S.166ff.] nachzulesen.

Für das Break-Minimierungsproblem wird nun, ähnlich zum Abschnitt 6.2.1, ein binäres Programm formuliert. Sei hierzu

$$\mathcal{T} = \{54, 55, 56, 57, 58, 59, 60, 61, 62, 63, 64, 65, 66, 67, 68, 70, 71, 72\}$$

die Menge der Mannschaften in der Testinstanz Landesliga Südost und sei

$$\mathcal{S} = \{1, .., 17\}$$

erneut die Menge der Spieltage. Die Nebenbedingungen $(NB0), (NB1), (NB2)$ aus 6.2.1, welche sicherstellen, dass jedes Team an jedem Spieltag genau ein Mal spielt und jede mögliche Partie nur genau ein Mal statt findet, sollen auch hier gelten.

Die Restriktionen $(NB3), (NB4), (NB6), (NB7)$ und $(NB8)$ geben an, wann ein Break benötigt wird. Zudem wird verhindert dass es am ersten, am zweiten und am letzten Spieltag ein Break gibt. Daher werden auch diese Nebenbedingungen weiterhin verwendet. Dahingegen werden die Restriktionen $(NB5)$ und $(NB9)$, welche fordern, dass jedes der 18 Teams höchstens ein Break hat und dass der Spielplan insgesamt nur 16 Breaks aufweist, entfernt. Stattdessen wird die Breakminimierung in der Zielfunktion formuliert (vgl. [REG98, S.121ff.]).

Da ein Spielplan erstellt werden soll, an dem kein Team unter der Woche länger als eine Stunde fahren muss, bleiben auch die Restriktionen $(NB10)$ und $(NB11)$ erhalten. Zusätzlich werden, wie oben bereits erwähnt, sämtliche Platzsperren und Wünsche im binären Programm als Nebenbedingungen formuliert.

Das Ziel ist es, die Anzahl der Breaks im Spielplan zu minimieren (vgl. [REG98, S.121ff.]):

$$\min \sum_{s \in \mathcal{S}} \sum_{i \in \mathcal{T}} b(i, s)$$

Dieses Problem wird im Folgenden als **(BREAKMIN)** bezeichnet. Die Wünsche und die Platzsperren der Teams sind nicht bekannt und werden daher erneut zufällig mit R-Studio erzeugt. Jede Mannschaft soll weiterhin 2 Wünsche äußern dürfen. Dabei soll die Wahrscheinlichkeit für einen Heimspielwunsch 70 % und für einen Auswärtsspielwunsch 30 % betragen. Des Weiteren gelten weiterhin die Regeln aus Paragraph 6.2.2.2. Für die Anzahl k_i ($i \in \mathcal{T}$) an Platzsperren jedes Teams wird eine Binomialverteilung zu Grunde gelegt:

$$B(34, k_i, 0{,}02) = \binom{34}{k_i} \cdot 0{,}02^{k_i} \cdot 0{,}98^{34-k_i}$$

Man beachte dabei, dass es in einer Liga mit 18 Teams 34 Spieltage gibt. Ist für jeden Verein die Anzahl k_i an Platzsperren bestimmt, so werden die Platzsperren zufällig und gleichverteilt über die 34 Spieltage ausgewürfelt.

Bemerkung 6.64: Um einen Missbrauch von Platzsperren zu verhindern, sollte eine Nachweispflicht gegenüber dem BFV festgelegt werden.

Die nachfolgende Tabelle gibt eine Übersicht über die zufällig erzeugten Präferenzen und die Platzsperren der Vereine aus der Landesliga Südost:

Team	1. Wunsch	2. Wunsch	Platz-sperren	1. Wunsch für SRRT	2. Wunsch für SRRT	Platz-sperren für SRRT
54	14 − A	32 − A	−	14 − A	15 − H	−
55	14 − H	20 − H	7	14 − H	3 − A	7 − A
56	8 − H	10 − H	−	8 − H	10 − H	−
57	11 − A	30 − H	32	11 − A	13 − A	15 − H
58	27 − H	11 − H	5 13 21	10 − A	11 − H	5 − A 13 − A 4 − H
59	31 − A	32 − H	−	14 − H	15 − A	−
60	28 − H	15 − A	−	11 − A	15 − A	−
61	21 − H	7 − H	8	4 − A	7 − H	8 − A
62	13 − H	14 − H	−	13 − H	14 − H	−
63	8 − A	31 − H	−	8 − A	14 − A	−
64	10 − H	14 − H	3 12	10 − H	14 − H	3 − A 12 − A
65	12 − H	14 − H	−	12 − H	14 − H	−
66	3 − A	5 − A	−	3 − A	5 − A	−
67	7 − H	32 − H	−	7 − H	15 − A	−
68	9 − H	27 − H	11	9 − H	10 − A	11 − A
70	12 − A	15 − H	−	12 − A	15 − H	−
71	13 − H	8 − H	−	13 − H	8 − H	−
72	22 − A	30 − H	14	5 − H	13 − A	14 − A

Abbildung 81: fiktive Wünsche und Platzsperren in der Landesliga Südost (eigene Darstellung)

Bemerkung 6.65: Hat ein Team in der Rückrunde eine Platzsperre, so muss es an dem entsprechenden Hinrundenspieltag zu Hause spielen.

Beispiel 6.66: Der 1.FC Passau hat am 32. Spieltag eine Platzsperre. Demnach muss Passau am 15. Spieltag zu Hause spielen.

Bemerkung 6.67: Die Wünsche und die Platzsperren aus Abbildung 81 werden als Restriktionen in **(BREAKMIN)** eingefügt.

Beispiel 6.68: Die SpVgg Deggendorf möchte an Spieltag 14 auswärts spielen. Dies führt zur Nebenbedingung

$$\sum_{\substack{j \in \mathcal{T} \\ j \neq 54}} x(j, 54, 14) = 1$$

Bemerkung 6.69: Es kann nicht garantiert werden, dass **(BREAKMIN)** eine zulässige Lösung hat. Die Wünsche oder aber auch die Platzsperren könnten verhindern, dass es einen zulässigen Spielplan gibt. Man vergleiche hierzu auch Satz 6.38.

Bemerkung 6.70: Kann kein zulässiger Spielplan für **(BREAKMIN)** gefunden werden, so wäre es ein möglicher Ausweg, nur die Platzsperren als Nebenbedingungen darzustellen. Die Wünsche könnten dann als zusätzliche Komponente in der Zielfunktion formuliert werden. Seien hierzu $\mu_1, \mu_2 \in [0,1]$ mit $\mu_1 + \mu_2 = 1$, $\mathcal{W}_i(H)$ die Menge der Heimspielwünsche von Team $i \in \mathcal{T}$ und $\mathcal{W}_i(A)$ die Menge der Auswärtsspielwünsche von Mannschaft $i \in \mathcal{T}$. Dann kann die Bewertungsfunktion als

$$\min\left(\mu_1 \cdot \sum_{i \in \mathcal{T}} \sum_{s \in \mathcal{S}} b(i,s) + \mu_2 \cdot \left(\sum_{i \in \mathcal{T}} \sum_{s_i \in \mathcal{W}_i(H)} \left(1 - \sum_{\substack{j \in \mathcal{T} \\ i \neq j}} x(i,j,s_i)\right) + \right.\right.$$

$$\left.\left. + \sum_{i \in \mathcal{T}} \sum_{s_i \in \mathcal{W}_i(A)} \left(1 - \sum_{\substack{j \in \mathcal{T} \\ i \neq j}} x(j,i,s_i)\right)\right)\right)$$

definiert werden (vgl. [DRE07, S.466ff.]). Sämtliche Bezeichnungen in dieser Zielfunktion, die sich auf die Präferenzen der Vereine beziehen sind, sind analog zu Kapitel 6.2.2.2 definiert.

6.5.4.2 Ergebnisse

Für die Landesliga Südost ergab die Optimierung mit Gurobi die nachfolgenden Ergebnisse:

Zielfunktionswert der besten gefundenen Lösung	20
Beste gefundene Schranke	18,00218
Optimality Gap	10,0 %
Laufzeit	17226 *sek*

Abbildung 82: Ergebnisse der Optimierung für die Landesliga Südost (eigene Darstellung)

Gurobi konnte in 17226 *sek* einen Spielplan bestimmen, der 20 Breaks enthält. Trotz einer von Gurobi angegebenen Optimalitätslücke von 10,0 % ist dieser Zielfunktionswert optimal. Der Grund hierfür ist, dass eine Schranke von 18,00218 berechnet werden konnte. Da die Anzahl der Breaks eine ganze Zahl ist und Breaks stets paarweise auftreten (vgl. 6.1), kann es keinen zulässigen Spielplan mit 19 Breaks geben. Daher ist der gefundene Zielfunktionswert schon optimal. Dargestellt ist dieser Spielplan in Abbildung 83. Man beachte, dass dieser Spielplan alle Wünsche der Vereine erfüllt, sämtliche Platzsperren berücksichtigt und die Wochentagsrestriktionen einhält. Hat ein Verein an einem Spieltag ein Break, so ist dieser Verein an dem betroffenen Spieltag in Abbildung 83 rot markiert.

1. Spieltag	2. Spieltag	3. Spieltag
Deggendorf – Freising	Waldkirchen – Deggendorf	Deggendorf – Erlbach
Gerolfing – Erlbach	Hallbergmoos – Gerolfing	Kirchheim – Gerolfing
Passau – Ergolding	Ergolding – Mkt. Schwaben	Eching – Ergolding
Mkt. Schwaben – Waldkir.	Pfarrkirchen – Passau	Passau – Holzkirchen
Kirchanschör. – Pfarrkir.	Erlbach – Hebertsfelden	Hebertsf. – Waldkirchen
Hebertsfelden – Ampfing	Freising – Deisenhofen	Mkt. Schwaben – Pfarrkir.
Eching – Hallbergmoos	Dachau – Eching	Freising – Dachau
Kirchheim – Dachau	Ampfing – Kirchanschöring	Kirchanschör. – Hallbergm.
Deisenhofen – Holzkirchen	Holzkirchen – Kirchheim	Deisenhofen – Ampfing

4. Spieltag	5. Spieltag	6. Spieltag
Holzkirchen – Deggendorf	Deggendorf – Dachau	Pfarrkirchen – Deggendorf
Gerolfing – Passau	Hebertsfelden – Gerolfing	Gerolfing – Eching
Ergolding – Freising	Kirchanschör. – Ergolding	Ergolding – Hebertsfelden
Waldkirchen – Deisenhofen	Passau – Erlbach	Passau – Waldkirchen
Pfarrkirchen – Hebertsf.	Kirchheim – Waldkirchen	Hallbergmoos – Freising
Ampfing – Eching	Freising – Pfarrkirchen	Ampfing – Kirchheim
Hallbergmoos – Kirchheim	Eching – Holzkirchen	Erlbach – Kirchanschöring
Erlbach – Markt Schwaben	Deisenhofen – Hallbergm.	Dachau – Deisenhofen
Dachau – Kirchanschöring	Markt Schwaben – Ampfing	Holzkirch. – Mkt. Schwaben

7. Spieltag	8. Spieltag	9. Spieltag
Deggendorf – Ergolding	Ampfing – Deggendorf	Deggend. – Kirchanschör.
Mkt. Schwaben – Gerolfing	Gerolfing – Dachau	Waldkirchen – Gerolfing
Kirchanschöring – Passau	Ergolding – Deisenhofen	Hallbergmoos – Ergolding
Waldkirchen – Ampfing	Passau – Freising	Markt Schwaben – Passau
Eching – Pfarrkirchen	Erlbach – Waldkirchen	Deisenhofen – Pfarrkirchen
Kirchheim – Hebertsfelden	Pfarrkirchen - Kirchheim	Eching – Hebertsfelden
Freising – Holzkirchen	Hebertsf. – Mkt. Schwaben	Freising – Ampfing
Dachau – Hallbergmoos	Kirchanschöring – Eching	Kirchheim – Erlbach
Deisenhofen – Erlbach	Holzkirchen – Hallbergm.	Dachau – Holzkirchen

10. Spieltag	11. Spieltag	12. Spieltag
Hebertsf. – Deggendorf	Deggend. – Mkt. Schwaben	Passau – Deggendorf
Gerolfing – Freising	Ampfing – Gerolfing	Gerolfing – Deisenhofen
Ergolding – Holzkirchen	Dachau – Ergolding	Pfarrkirchen – Ergolding
Passau – Deisenhofen	Hallbergmoos – Passau	Waldkirchen – Hallbergm.
Kirchanschör. – Waldkir.	Waldkirchen – Pfarrkirchen	Hebertsfelden – Dachau
Pfarrkirchen – Dachau	Holzkirchen – Hebertsf.	Kirchheim – Freising
Erlbach – Eching	Freising – Erlbach	Markt Schwaben – Eching
Ampfing – Hallbergmoos	Eching – Kirchheim	Erlbach – Ampfing
Kirchheim – Mkt. Schwaben	Deisenhofen – Kirchansch.	Kirchanschör. – Holzkirch.

13. Spieltag	14. Spieltag	15. Spieltag
Deggendorf – Gerolfing	Eching – Deggendorf	Deggendorf – Kirchheim
Ergolding – Kirchheim	Gerolfing – Ergolding	Kirchanschör. – Gerolfing
Dachau – Passau	Hebertsfelden – Passau	Ergolding – Erlbach
Eching – Waldkirchen	Waldkirchen – Freising	Passau – Ampfing
Ampfing – Pfarrkirchen	Pfarrkirchen – Holzkirchen	Holzkirchen – Waldkirchen
Hallbergmoos – Hebertsf.	Erlbach – Hallbergmoos	Hallbergmoos – Pfarrkirch.
Freising – Kirchanschöring	Ampfing – Dachau	Deisenhofen – Hebertsf.
Holzkirchen – Erlbach	Kirchheim – Deisenhofen	Freising – Eching
Deisenhof. – Mkt. Schwaben	Mkt. Schwaben – Kirchans.	Dachau – Markt Schwab

16. Spieltag	17. Spieltag
Deggendorf – Deisenhofen	Hallbergmoos – Deggendorf
Gerolfing – Holzkirchen	Pfarrkirchen – Gerolfing
Ampfing – Ergolding	Ergolding – Waldkirchen
Eching – Passau	Passau – Kirchheim
Waldkirchen – Dachau	Kirchanschör. – Hebertsf.
Erlbach – Pfarrkirchen	Freising – Markt Schwaben
Hebertsfelden – Freising	Deisenhofen – Eching
Markt Schwaben – Hallberg.	Holzkirchen – Ampfing
Kirchheim – Kirchanschör.	Dachau – Erlbach

Abbildung 83: Der Spielplan für die Landesliga Südost: Dargestellt ist nur die Hinrunde, die Rückrunde ist bis auf das getauschte Heimrecht in jeder Begegnung identisch zur Hinrunde (eigene Darstellung)

Bemerkung 6.71: Im Fußball sind bislang Spielpläne mit minimaler Breakzahl üblich (vgl. [BAR01, S.35]). Wie man an den Ausführungen dieses Kapitels allerdings sehen kann, ermöglicht eine Erhöhung der erlaubten Breakzahl, Spielpläne zu generieren, welche die Wünsche der Vereine sowie Platzsperren berücksichtigen und sogar die Wochentagsrestriktionen einhalten. Der hier erstellte Spielplan für die Testinstanz Landesliga Südost hat zwar 20 statt 16 Breaks, ist dafür aber sehr vereinsfreundlich.

Bemerkung 6.72: In vielen anderen Sportarten, wie Baseball, Basketball oder auch Hockey, ist die minimale der Breakanzahl kein vorrangiges Ziel mehr (vgl. [BAR01, S.35]). Vielleicht wäre es auch für den BFV und den DFB einmal an der Zeit, davon abzukommen, für jeden Spielplan die minimale Breakzahl zu verlangen. Dies gilt vor allem für den Amateurbereich, da dadurch den ohnehin schon stark belasteten Vereinen einige Erleichterungen geschaffen werden könnten.

6.5.5 Spielplan für die Landesliga Südwest

Bislang wurden alle Spielpläne dadurch bestimmt, dass ein oder auch mehrere binäre Programme mit Hilfe von Gurobi gelöst wurden. In diesem Abschnitt soll ohne Rechnereinsatz ein Spielplan für die Testinstanz Landesliga Südwest generiert werden, welcher die Wochentagsrestriktionen einhält.

6.5.5.1 Vorgehensweise

[DEW81, S.381ff.] schlägt folgendes Verfahren zur Erstellung eines Spielplans vor: Zunächst werden alle Mannschaften durchnummeriert. In einer Liga $\mathcal{L}$ mit $N = 2n$ Teams erhält man somit:

$$\mathcal{L} = \{1, \ldots, 2n\}$$

Anschließend werden die Vereine nach dem Muster in Abbildung 84 (a) angeordnet.

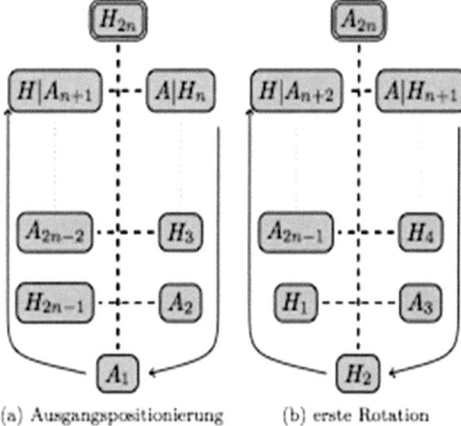

(a) Ausgangspositionierung   (b) erste Rotation

Abbildung 84: Anordnungsmuster zu Beginn (a) und die erste Rotation (b): Dabei bedeutet H_i, dass Team i Heimrecht hat. Ein Spiel wird durch eine gestrichelte Kante dargestellt (aus [DIE12, S.16])

Das Anordnungsmuster aus Abbildung 84 (a) gibt den ersten Spieltag an. Eine Partie wird immer durch eine gestrichelte Kante dargestellt. Das Heimrecht von Team i wird in Abbildung 84 durch H_i ausgedrückt. Um die weiteren Spieltage zu konzipieren, behält Team $2n$ stets seine Position. Alle anderen Teams bewegen sich bei jeder Iteration im Uhrzeigersinn um eine Stelle weiter. Das Heim- bzw. das Auswärtsrecht bleibt an den einzelnen Stellen erhalten. Die Ausnahme bildet das Team $2n$, welches sich nie weiter bewegt. Hier wechselt, beginnend mit Heimrecht, der Spielort von Rotation zu Rotation. Man vergleiche hierzu auch Abbildung 84 (b), welche die erste Rotation darstellt. Nach insgesamt $2n - 2$ Rotationen (die Ausgangspositionierung ist keine Rotation) erhält man einen SRRT-Spielplan mit minimaler Anzahl an Breaks (vgl. [DEW81, S.382ff.] & [DIE12, S.13ff.]).

Bemerkung 6.73: Das soeben beschriebenen Vorgehen wird im Folgenden als **(METHDEW)** bezeichnet.

Bemerkung 6.74: Besteht die Liga aus 18 Teams, so steht in Abbildung 84 (a) und (b) jeweils oben links A und oben rechts H.

Im hier vorliegenden Fall besteht eine Liga aus $N = 2n = 18$ Teams. Daher gilt

$$n = 9$$

und es ergibt sich der nachfolgende Spielplan mit 16 Breaks. Darin sind Mannschaften die ein Heimbreak haben an den beiden betroffenen Spieltagen grün markiert, Teams, die ein Auswärtsbreak haben, werden an den beiden betroffenen Spieltagen rot dargestellt.

Spieltag	1	2	3	4	5	6	7
Partien	$18 - 1$	$2 - 18$	$18 - 3$	$4 - 18$	$18 - 5$	$6 - 18$	$18 - 7$
	$17 - 2$	$1 - 3$	$2 - 4$	$3 - 5$	$4 - 6$	$5 - 7$	$6 - 8$
	$3 - 16$	$4 - 17$	$5 - 1$	$6 - 2$	$7 - 3$	$8 - 4$	$9 - 5$
	$15 - 4$	$16 - 5$	$17 - 6$	$1 - 7$	$2 - 8$	$3 - 9$	$4 - 10$
	$5 - 14$	$6 - 15$	$7 - 16$	$8 - 17$	$9 - 1$	$10 - 2$	$11 - 3$
	$13 - 6$	$14 - 7$	$15 - 8$	$16 - 9$	$17 - 10$	$1 - 11$	$2 - 12$
	$7 - 12$	$8 - 13$	$9 - 14$	$10 - 15$	$11 - 16$	$12 - 17$	$13 - 1$
	$11 - 8$	$12 - 9$	$13 - 10$	$14 - 11$	$15 - 12$	$16 - 13$	$17 - 14$
	$9 - 10$	$10 - 11$	$11 - 12$	$12 - 13$	$13 - 14$	$14 - 15$	$15 - 16$
Spieltag	8	9	10	11	12	13	14
Partien	$8 - 18$	$18 - 9$	$10 - 18$	$18 - 11$	$12 - 18$	$18 - 13$	$14 - 18$
	$7 - 9$	$8 - 10$	$9 - 11$	$10 - 12$	$11 - 13$	$12 - 14$	$13 - 15$
	$10 - 6$	$11 - 7$	$12 - 8$	$13 - 9$	$14 - 10$	$15 - 11$	$16 - 12$
	$5 - 11$	$6 - 12$	$7 - 13$	$8 - 14$	$9 - 15$	$10 - 16$	$11 - 17$
	$12 - 4$	$13 - 5$	$14 - 6$	$15 - 7$	$16 - 8$	$17 - 9$	$1 - 10$
	$3 - 13$	$4 - 14$	$5 - 15$	$6 - 16$	$7 - 17$	$8 - 1$	$9 - 2$
	$14 - 2$	$15 - 3$	$16 - 4$	$17 - 5$	$1 - 6$	$2 - 7$	$3 - 8$
	$1 - 15$	$2 - 16$	$3 - 17$	$4 - 1$	$5 - 2$	$6 - 3$	$7 - 4$
	$16 - 17$	$17 - 1$	$1 - 2$	$2 - 3$	$3 - 4$	$4 - 5$	$5 - 6$

Spieltag	15	16	17
Partien	$18 - 15$	$16 - 18$	$18 - 17$
	$14 - 16$	$15 - 17$	$16 - 1$
	$17 - 13$	$1 - 14$	$2 - 15$
	$12 - 1$	$13 - 2$	$14 - 3$
	$2 - 11$	$3 - 12$	$4 - 13$
	$10 - 3$	$11 - 4$	$12 - 5$
	$4 - 9$	$5 - 10$	$6 - 11$
	$8 - 5$	$9 - 6$	$10 - 7$
	$6 - 7$	$7 - 8$	$8 - 9$

Abbildung 85: Spielplan nach dem Vorgehen von [DEW81] (eigene Darstellung nach [DEW81, S.381ff.])

Die große Schwäche dieses Spielplans ist, dass er am 17. Spieltag ein Break enthält. Da die Rückrunde identisch zur Hinrunde ist und lediglich bei jeder Begegnung das Heimrecht getauscht wird, spielt Team 17 am Saisonende (33. und 34. Spieltag) zwei Mal in Folge zu Hause. Dies kann einen Wettbewerbsvorteil für Team 17 nach sich ziehen. Mannschaft 16 hingegen muss zwei Mal nacheinander auswärts antreten, wodurch ihr ein Nachteil entstehen kann. Dennoch soll dieser Spielplan verwendet werden, um einen Spielplan für die Landesliga Südwest zu generieren, welcher die Wochentagsrestriktionen beachtet.

Bemerkung 6.75: Das im Anschluss vorgestellte Verfahren kann genauso auf den statischen Spielplan aus Abbildung 10, welcher kein Break am 17. Spieltag enthält, angewandt werden. Dies wurde bereits in den Algorithmen 4 (Schritt 14) und 5 (Schritt 23) umgesetzt.

Abbildung 85 stellt einen Spielplan für 18 Teams dar. Üblicherweise wird jedem Team eine Nummer dieses Spielplans zugeordnet und das Team tritt an die Stelle der Nummer. Eine willkürliche Zuordnung würde allerdings nicht garantieren, dass die Wochentagsrestriktionen auch tatsächlich eingehalten werden. Deshalb betrachtet man zunächst den zweiten und den sechsten Spieltag in Abbildung 85 und konstruiert den ungerichteten Graphen $G(V, E)$ wie folgt:

- Die Knotenmenge $V = \{1, \dots, 18\}$ ist die Menge der Mannschaften im obigen Spielplan.
- Die Kantenmenge
  $E = \{(u, v) |\ u \in V, v \in V$ und u spielt gegen v am zweiten oder sechsten Spieltag$\}$

stellt alle Spiele des zweiten und sechsten Spieltags als Kante zwischen den beteiligten Teams dar. Dabei ist es unerheblich welcher Verein in einer Partie Heimrecht hat.

Der daraus entstehende Graph wird in der nachfolgenden Abbildung 86 präsentiert:

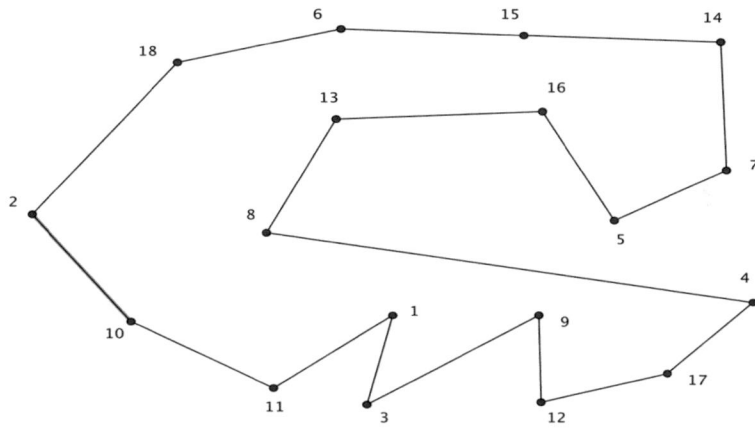

Abbildung 86: Der Graph G stellt den zweiten und den sechsten Spieltag dar (eigene Darstellung mit GeoGebra)

Wie man Abbildung 86 entnehmen kann, ist der Graph G ein Kreis. Der Graph H aus Abbildung 18 enthielt nur Kanten mit einer Fahrtzeit von maximal 60 Minuten. Der Graph H wird nun auf die Teams der Testinstanz Staffel Südwest eingeschränkt, d.h. alle Knoten, die ein Team einer anderen Staffel darstellen sowie alle Kanten, welche einen Endknoten haben, der ein Team einer anderen Staffel repräsentiert, werden entfernt.

Sei hierzu

$$\mathcal{T} = \{69, 74, 75, 76, 77, 78, 79, 80, 81, 82, 83, 84, 85, 86, 87, 88, 89, 90\}$$

die Menge der Mannschaften in der Gruppe Südwest. Die Einschränkung des Graphen H auf Vereine der Division Südwest ist ein Teilgraph von H und wird als

$$T = H|_{\mathcal{T}}$$

bezeichnet. Ziel ist es nun, im Graphen T einen Kreis der Kardinalität 18 zu finden. Dies kann entweder mit Hilfe des Modells *(MINWO)* aus Algorithmus 3 geschehen oder aber heuristisch.

Bemerkung 6.76: Die Optimierung von *(MINWO)* könnte auch mehrere kürzere Kreise liefern, die zusammen Kardinalität 18 haben. In diesem Fall müssten weitere Nebenbedingungen eingeführt werden.

Heuristisch findet man schnell den Kreis aus Abbildung 87:

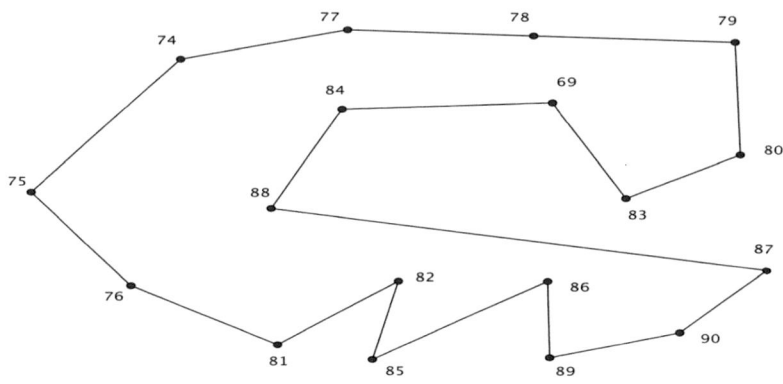

Abbildung 87: Ein Kreis für die Landesliga Südwest, der nur Kanten mit einem Gewicht von maximal 60 enthält (eigene Darstellung mit GeoGebra)

Nun müssen nur noch die Teams aus Abbildung 87 mit passenden Knoten aus Abbildung 86 identifiziert werden. Dazu werden die Abbildungen 86 und 87 deckungsgleich übereinander gelegt. Man erhält:

$74 - 18$	$77 - 6$	$78 - 15$	$79 - 14$	$80 - 7$	$83 - 5$	$69 - 16$	$84 - 13$
$88 - 8$	$87 - 4$	$90 - 17$	$89 - 12$	$86 - 9$	$85 - 3$	$82 - 1$	$81 - 11$
$76 - 10$	$75 - 2$						

Abbildung 88: Identifikation der Landesliga Südwest Vereine (erste Zahl in jedem Kästchen) mit Nummern (zweite Zahl in jedem Kästchen) aus Abbildung 86 (eigene Darstellung)

Bemerkung 6.77: Die in Abbildung 88 getroffene Identifikation ist lediglich eine von vielen möglichen Identifikationen.

6.5.5.2 Ergebnis

Durch die Identifikationen aus Abbildung 88 wird jede Mannschaft der Testinstanz Landesliga Südwest genau einer Nummer des Spielplans aus Abbildung 85 zugeordnet, so dass die Wochentagsrestriktionen eingehalten werden. Ersetzt man nun die Nummer durch den zugeordneten Verein so erhält man für die Staffel Südwest den nachfolgenden Spielplan:

1. Spieltag	2. Spieltag	3. Spieltag
Nördlingen – Illertissen	Gundelfingen – Nördlingen	Nördlingen – Landsberg
Durach – Gundelfingen	Illertissen – Landsberg	Gundelfingen – Ottobeuren
Landsberg – München	Ottobeuren – Durach	Oberweikertsh. – Illertissen
Oberweikertsh. – Friedberg	München – Oberweikertsh.	Durach – Aindling
Gersthofen – Ottobeuren	Aindling – Gersthofen	Mering – München
Fürstenfeldbr. – Aindling	Friedberg – Mering	Gersthofen – Kaufbeuren
Mering – Kottern	Kaufbeuren – Fürstenfeldb.	Memmingen – Friedberg
Thannhausen – Kaufbeuren	Kottern – Memmingen	Fürstenfeldb. – Bubesheim
Memmingen – Bubesheim	Bubesheim – Thannhausen	Thannhausen – Kottern

4. Spieltag	5. Spieltag	6. Spieltag
Ottobeuren – Nördlingen	Nördlingen – Oberweikerts.	Aindling – Nördlingen
Landsberg – Oberweikerts.	Ottobeuren – Aindling	Oberweikertsh. – Mering
Aindling – Gundelfingen	Mering – Landsberg	Kaufbeuren – Ottobeuren
Illertissen – Mering	Gundelfingen – Kaufbeuren	Landsberg – Memmingen
Kaufbeuren – Durach	Memmingen – Illertissen	Bubesheim – Gundelfingen
München – Memmingen	Durach – Bubesheim	Illertissen – Thannhausen
Bubesheim – Gersthofen	Thannhausen – München	Kottern – Durach
Friedberg – Thannhausen	Gersthofen – Kottern	München – Fürstenfeldb.
Kottern – Fürstenfeldbruck	Fürstenfeldb. - Friedberg	Friedberg – Gersthofen

7. Spieltag	8. Spieltag	9. Spieltag
Nördlingen – Mering	Kaufbeuren – Nördlingen	Nördlingen – Memmingen
Aindling – Kaufbeuren	Mering – Memmingen	Kaufbeuren – Bubesheim
Memmingen – Oberweiker.	Bubesheim – Aindling	Thannhausen – Mering
Ottobeuren – Bubesheim	Oberweikertsh. – Thannh.	Aindling – Kottern
Thannhausen – Landsberg	Kottern – Ottobeuren	Fürstenf. – Oberweikertsh.
Gundelfingen – Kottern	Landsberg – Fürstenfeldb.	Ottobeuren – Friedberg
Fürstenfeldb. – Illertissen	Friedberg – Gundelfingen	Gersthofen – Landsberg
Durach – Friedberg	Illertissen – Gersthofen	Gundelfingen – München
Gersthofen – München	München – Durach	Durach – Illertissen

10. Spieltag	11. Spieltag	12. Spieltag
Bubesheim – Nördlingen	Nördlingen – Thannhausen	Kottern – Nördlingen
Memmingen – Thannhaus.	Bubesheim – Kottern	Thannhaus. – Fürstenfeld.
Kottern – Kaufbeuren	Fürstenfeld. – Memmingen	Friedberg – Bubesheim
Mering – Fürstenfeldbruck	Kaufbeuren – Friedberg	Memmingen – Gersthofen
Friedberg – Aindling	Gersthofen – Mering	München – Kaufbeuren
Oberweikerts. – Gersthofen	Aindling – München	Mering – Durach
München – Ottobeuren	Durach – Oberweikertsh.	Illertissen – Aindling
Landsberg – Durach	Ottobeuren – Illertissen	Oberweikerts. – Gundelfing.
Illertissen – Gundelfingen	Gundelfingen – Landsberg	Landsberg – Ottobeuren

13. Spieltag	14. Spieltag	15. Spieltag
Nördlingen – Fürstenfeldb.	Friedberg – Nördlingen	Nördlingen – Gersthofen
Kottern – Friedberg	Fürstenfeldb. – Gersthofen	Friedberg – München
Gersthofen – Thannhausen	München – Kottern	Durach – Fürstenfeldbruck
Bubesheim – München	Thannhausen – Durach	Kottern – Illertissen
Durach – Memmingen	Illertissen – Bubesheim	Gundelfing. – Thannhausen
Kaufbeuren – Illertissen	Memmingen – Gundelfing.	Bubesheim – Landsberg
Gundelfingen – Mering	Landsberg – Kaufbeuren	Ottobeuren – Memmingen
Aindling – Landsberg	Mering – Ottobeuren	Kaufbeuren – Oberweikert.
Ottobeuren – Oberweikert.	Oberweikertsh. – Aindling	Aindling – Mering

192

16. Spieltag	17. Spieltag
München – Nördlingen	Nördlingen – Durach
Gersthofen – Durach	München – Illertissen
Illertissen – Friedberg	Gundelfingen – Gersthofen
Fürstenfeld. – Gundelfingen	Friedberg – Landsberg
Landsberg – Kottern	Ottobeuren – Fürstenfeldbr.
Thannhausen – Ottobeuren	Kottern – Oberweikertsh.
Oberweikerts. – Bubesheim	Aindling – Thannhausen
Memmingen – Aindling	Bubesheim – Mering
Mering – Kaufbeuren	Kaufbeuren – Memmingen

Abbildung 89: Ein Spielplan für die Landesliga Südwest: Dargestellt ist nur die Hinrunde, die Rückrunde ist bis auf das getauschte Heimrecht in jeder Partie identisch zur Hinrunde. Mannschaften, welche ein Break haben sind an den beiden betroffenen Spieltagen rot markiert (eigene Darstellung)

6.5.6 Bewertung der Spielpläne

Jede der fünf vorgestellten Methoden zur Spielplanerstellung wurde an einer der Staffeln der Landesliga Bayern getestet. Dabei kamen sowohl Stärken als auch Schwächen zum Vorschein. In der nachfolgenden Abbildung 90 sollen diese nochmals übersichtlich präsentiert werden.

Methode	*Stärken*	*Schwächen*
Algorithmus 4 (getestet an der Staffel Nordwest)	⊕ Fairness wird beachtet ⊕ Wochentagsrestriktionen werden eingehalten ⊕ Algorithmus 4 findet eine zulässige Lösung ⊕ Algorithmus 4 liefert Möglichkeit zur Parallelisierung ⊕ Minimale Breakanzahl wird erreicht ⊕ Die Laufzeit für jede Iteration war bei der vorliegenden Testinstanz akzeptabel ⊕ Für die Landesliga Nordwest konnte mit Algorithmus 4 eine gute Lösung gefunden werden	⊖ Die Parameter S, T und N in Algorithmus 4 müssen vorsichtig gewählt werden ⊖ Es ist möglich, dass viele HAPSs und viele verschiedene Team-Profil-Zuordnungen betrachtet werden müssen, bis eine zulässige Lösung gefunden wird ⊖ Wünsche der Teams und Platzsperren werden nicht berücksichtigt ⊖ Es kann vorab keine Aussage über die Güte der gefundenen Lösung getroffen werden

Algorithmus 5 (getestet an der Staffel Nordost)	⊕ Wünsche der Vereine werden berücksichtigt ⊕ Platzsperren könnten leicht integriert werden ⊕ Fairness wäre ebenfalls einfach in Algorithmus 5 integrierbar ⊕ Algorithmus 5 findet eine zulässige Lösung ⊕ Die Wochentagsrestriktionen werden beachtet ⊕ Es besteht die Möglichkeit der Parallelisierung von Algorithmus 5 ⊕ Minimale Breakzahl wird erreicht ⊕ Die für die Testinstanz Landesliga Nordost mit ihren fiktiven Wünschen gefundene Lösung ist optimal ⊕ Die Laufzeiten der einzelnen Iterationen lagen dabei alle unter einer Minute	⊖ Die Parameter s, K, R und L müssen vorsichtig gewählt werden ⊖ Es ist möglich das viele HAPSs und viele verschiedene Team-Profil-Zuordnungen betrachtet werden müssen, bis eine zulässige Lösung gefunden wird ⊖ Es kann vorab keine Aussage über die Güte der gefundenen Lösung getroffen werden
Algorithmus 6 (getestet an der Staffel Mitte)	⊕ Die Anzahl der erfüllbaren Wünsche wird maximiert ⊕ Zusätzlich beachtet Algorithmus 6 die Fairness des Spielplans ⊕ Die minimale Breakanzahl wird erreicht ⊕ Es besteht die Möglichkeit zur Parallelisierung von Algorithmus 6 ⊕ Es wurde ein fairer Spielplan für die Testinstanz Landesliga Mitte mit Hilfe von Algorithmus 6 bestimmt, der die maximal mögliche Anzahl an Wünschen erfüllt ⊕ Die Laufzeiten der einzelnen	⊖ Platzsperren könnten zwar zusätzlich beachtet werden, erniedrigen allerdings möglicherweise die Anzahl der maximal erfüllbaren Wünsche ⊖ Die Wochentagsrestriktionen werden hier nicht beachtet

	Iterationen waren dabei akzeptabel	
(BREAKMIN) (getestet an der Staffel Südost)	⊕ Es werden die Stadionsperren, die Wünsche und die Wochentagsrestriktionen beachtet ⊕ Die für die Testinstanz Landesliga Südost gefundene Lösung erfüllt alle Stadionsperren und Wünsche der Vereine und hält die Wochentagsrestriktionen ein ⊕ Die Laufzeit hierfür war akzeptabel	⊖ Die kleinstmögliche Anzahl an Breaks wird nicht zwangsläufig erreicht ⊖ Es kann nicht garantiert werden, dass es eine zulässige Lösung gibt (Einen Ausweg liefert Bemerkung 6.70)
(METHDEW) (getestet an der Staffel Südwest)	⊕ verständliches Vorgehen ⊕ Wochentagsrestriktionen werden beachtet ⊕ zulässiger Spielplan wird erstellt ⊕ Minimale Breakanzahl wird erreicht	⊖ Es gibt ein Break am letzten Spieltag ⊖ Die Fairness des Spielplans sowie Wünsche und Platzsperren der Vereine sind nur sehr schwer zu beachten

Abbildung 90: Abschließende Übersicht zu Vor- und Nachteilen der fünf präsentierten Verfahren zur Spielplangenerierung (eigene Darstellung)

Welches der Verfahren zur Spielplanerzeugung verwendet werden sollte, hängt wohl davon ab, welche Spielpläne der BFV haben möchte und in wie Weit er den Vereinen bei Wünschen entgegenkommen möchte. Dass es möglich ist, Spielpläne für eine Vielzahl von Wünschen und Platzsperren zu konzipieren, welche sogar die Wochentagsrestriktionen einhalten, wurde in Kapitel 5 aufgezeigt. Darüber hinaus können diese Spielpläne auch noch hohe Fairnesswerte aufweisen. Zudem könnte eine Abkehr von der Anforderung der minimalen Breakanzahl weitere Vorteile für die Vereine mit sich bringen.

6.6 Weitere Forschungsansätze

- Die Erstellung einer Bibliothek mit zulässigen HAPSs für Ligen mit unterschiedlich vielen Mannschaften könnte künftige Optimierungen erleichtern.
- Verschiedene Ligen weisen unterschiedliche Stärkegruppen auf. Daher könnte Algorithmus 4 auf eine Vielzahl von Ligen angewendet werden. Die dadurch erhaltenen Ergebnisse könnten statistische Rückschlüsse (Verteilung, arithmetisches

Mittel, Median, empirische Varianz) auf die zu erwartende Güte der Spielpläne bei Anwendung von Algorithmus 4 zulassen.

- Zusätzlich zu der Bertachtung von Stärkegruppen könnte Algorithmus 4 auf Wünsche und Platzsperren der Vereine erweitert werden.

- Des Weiteren wäre es bei Algorithmus 4 interessant zu wissen, wie sich die Güte der Lösung bei unterschiedlichen Wahlen der Parameter S, T und N verändert.

- Algorithmus 5 soll möglichst viele Wünsche der Vereine in einem Spielplan realisieren. Der Algorithmus könnte als Input zahlreiche Wunschmengen erhalten. Auch hier könnten die Ergebnisse statistische Rückschlüsse auf die zu erwartende Güte der erhaltenen Spielpläne ermöglichen.

- Zusätzlich zu den Wünschen könnten in Algorithmus 5 Platzsperren berücksichtigt werden.

- Als Zielfunktion könnte die Maximierung der Fairness eingebaut werden.

- Darüber hinaus wären auch hier Parameteranalysen für s, K, R und L wünschenswert.

- Algorithmus 6 beachtet die Fairness. Hier wäre wieder die Betrachtung unterschiedlicher Ligen mit ihren Stärkegruppen interessant. Anschließend könnten erneut statistische Analysen durchgeführt werden, die erneut Aufschluss über die zu erwartende Lösungsgüte liefern könnten.

- Platzsperren wurden hier bislang nicht berücksichtigt. Diese könnten noch mit in Betracht gezogen werden.

- Beim Problem **(BREAKMIN)** könnten unterschiedliche Datensätze von Wünschen und Platzsperren optimiert werden. Jede einzelne Optimierung liefert als Optimallösung eine Anzahl von Breaks oder die Meldung, dass das Problem unzulässig ist. Für eine ausreichend große Anzahl an Testdatensätzen könnten dann erneut statistische Aussagen zu der zu erwartenden Güte der Spielpläne bzw. zur Lösbarkeit des Problems **(BREAKMIN)** getroffen werden.

- Zusätzlich könnte die alternative Zielfunktion aus Bemerkung 6.70 verwendet werden. Mit dieser Bewertungsfunktion könnten ebenfalls Optimierungen mit verschiedensten Datensätzen an Wünschen und Platzsperren durchgeführt werden

- Das vorgestellte Verfahren **(METHDEW)** zur Spielplanerstellung, welches an der Landesliga Südwest getestet wurde, beachtet keine Wünsche und Platzsperren. Hier könnte man allerdings durch geeignete Identifikationen von Teams mit Nummern zumindest einige Wünsche erfüllen. Es wäre interessant, wie viele Wünsche tatsächlich erfüllt werden können. Auch hierzu könnten mehrere Datensätze untersucht werden. Ein Vergleich mit den anderen Verfahren, welche die Wünsche der Vereine berücksichtigen, könnte folgen.

7 Zusammenfassung

Das Ziel dieser Arbeit war es, eine Einteilung der 90 Landesligisten in Bayern in fünf Staffeln zu finden, die garantiert, dass ein Spielplan bestimmt werden kann, in dem kein Team an einem Wochentag länger als eine Stunde fahren muss. Zur Bestimmung einer solchen Gruppeneinteilung wurden zwei verschiedene Ziele betrachtet. Zum Einen sollte die im Laufe einer Saison zu fahrende Gesamtstrecke minimiert werden, zum Anderen sollte die Gesamt-fahrtzeit möglichst klein sein. Die beiden dafür erhaltenen Einteilungen waren nahezu identisch. Darüber hinaus wurde noch die Staffeleinteilung bestimmt, welche ohne Berück-sichtigung der Wochentagsrestriktionen, die kürzeste Gesamtfahrstrecke bzw. –zeit benötigt. Für beide Fälle konnte eine Einteilung gefunden werden, welche einen besseren Wert aufweist, als die aktuelle Einteilung des Bayerischen Fussball-Verbandes. Es ist demnach durchaus möglich, mit den Methoden der diskreten Optimierung, Verbesserungen im Ama-teursport zu erhalten.

Für die Staffeleinteilung mit der geringsten Gesamtfahrtstrecke im Laufe der Saison, welche zusätzlich die Wochentagsrestriktionen einhält, sollte für jede einzelne Division ein Spielplan erstellt werden. Dazu wurden insgesamt fünf unterschiedliche Verfahren vorgestellt, welche jeweils ein anderes Optimierungsziel verfolgten. Jede der fünf Methoden wurde schließlich an einer der Landesligen getestet. Für die Landesliga Nordwest wurde ein Spielplan generiert, der ein hohes Maß an Fairness aufweist. Der Spielplan der Landesliga Nordost sollte mög-lichst viele der fiktiven Wünsche erfüllen. Bei der Spielplankonzipierung für die Testinstanz Landesliga Mitte wurden die Wochentagsrestriktionen vernachlässigt. Dafür konnte ein Spielplan bestimmt werden, der die maximal mögliche Anzahl an Wünschen erfüllt und zudem noch fair ist. Sollte der BFV auf eine Einhaltung der Wochentagsrestriktionen verzich-ten, so könnte dieses Vorgehen in Zukunft von großer Bedeutung sein, da es den Vereinen stark bei der Erfüllung ihrer Präferenzen entgegenkommt. Streicht man zusätzlich die Anfor-derung der minimalen Breakzahl in einem Spielplan, so ist ein weiteres Entgegenkommen des Verbandes und eine damit verbundene Erleichterung für die Amateurvereine möglich. Dies war Inhalt eines Spielplans für die Testinstanz Landesliga Südost. Das letzte vorgestellte Verfahren kam ohne den Einsatz eines Rechners zu einem Spielplan, der die Wochentagsrest-riktionen beachtet. Allerdings trat hierbei ein Break am letzten Saisonspieltag auf. Dies sollte eigentlich aus Fairnessgründen vermieden werden.

Abschließend soll noch angemerkt werden, dass, wie aufgezeigt, anhand von Methoden und Verfahren der Optimierung zahlreiche Möglichkeiten bestehen, den Vereinen entgegenzu-kommen und damit den ehrenamtlichen Aktiven einige Last von den Schultern zu nehmen.

Dies gilt nicht nur für den Fall der Landesligen in Bayern, sondern kann auch auf nahezu alle anderen Ligen übertragen werden. Die entscheidende Frage ist dabei einfach nur, was der Bayerische Fussball-Verband und vor Allem die Vereine sich wünschen.

Literaturverzeichnis

[ABS1]: FuPa.net: Landesliga Nordwest 2012/2013 (2012),
in: http://www.fupa.net/liga/landesliga-nordwest-1818.html (Abruf 02.05.2014)

[ABS2]: FuPa.net: Landesliga Nordost 2012/2013 (2012),
in: http://www.fupa.net/liga/landesliga-nordost-1817.html (Abruf 02.05.2014)

[ABS3]: FuPa.net: Landesliga Mitte 2012/2013 (2012),
in: http://www.fupa.net/liga/landesliga-mitte2-1819/tabelle.html (Abruf 02.05.2014)

[ABS4]: FuPa.net: Bayernliga Nord 2012/2013 (2012),
in: http://www.fupa.net/liga/bayernliga-nord-1803.html (Abruf 02.05.2014)

[AIG06]: Aigner, Martin: Diskrete Mathematik (2006), Vieweg

[AMO92]: de Amorim, Saul; Barthelemy, Jean-Pierre; Ribeiro, Celso: Clustering and Clique Partitioning (1992), in: Journal of Classification 9, S.17-41

[BAR01]: Bartsch, Thomas: Sportligaplanung (2001), Deutscher Universitäts-Verlag

[BAR06]: Bartsch, Thomas; Drexl, Andreas, Kröger, Stefan: Scheduling the professional soccer leagues of Austria and Germany (2006), in: Computers & Operations Research, Band 33, S.1907-1937

[BEN03]: Benker, Hans: Mathematische Optimierung mit Computeralgebrasystemen (2003), Springer

[BFV13 (1)]: Bayerischer Fussball-Verband: Auf- und Abstiegsregelung der Bayernligen und Landesligen (2013), in: http://www.bfv.de/cms/docs/Auf-Abstieg_Bay_-_LL_Schriftform_07-03-14_mit_Ergaenzung.pdf (Version 15.07.2013, Abruf 03.04.2014)
[BFV13 (2)]: Bayerischer Fussball-Verband: Rahmenterminkalender Bayern- / Landesliga Saison 2013/2014 (2013), in: http://www.bfv.de/cms/docs/RTK_Bay-LL_Saison_2013-2014.pdf (Abruf 03.03.2014)

[BFV14 (1)]: Bayerischer Fussball-Verband: Ordnungen (2014), in: http://www.bfv.de/cms/docs/Spielordnung_20140107.pdf (Version 07.01.2014, Abruf 04.03.2014)

[BFV14 (2)]: Bayerischer Fussball-Verband: Die Landesligisten (2014), in: http://www.bfv.de/cms/seiten/die_landesligisten_112768.html (Abruf 15.02.2014)

[BOR01]: Borgwardt, Karl Heinz: Optimierung, Operations Research, Spieltheorie (2001), Birkhäuser

[BIN14]: bing Routenplaner, in: http://www.bing.com/maps/?FORM=Z9LH3#Y3A9NDkuNDUyMDAwfjExLjA3NjgwMCZs dmw9NSZzdHk9ciZydHA9YWRyLn5hZHIuJm1vZGU9RCZydG9wPTB+MH4wfg== (Abruf 03.02.2014 – 10.02.2014)

[BRI08]: Briskorn, Dirk: Sports Leagues Schedulig (2008), Springer

[BRI09]: Briskorn, Dirk; Drexl, Andreas: Scheduling Sports Leagues using Branch-and-Price (2009), in: Journal of the Operational Research Society, Band 60, Heft 1, S.84-93

[BRI10]: Briskorn, Dirk; Drexl, Andreas; Spieksma, Fritz: Round Robin tournaments and three index assignments (2010), in: Operation Research 8, S. 365 – 374

[BUN10]: Die Liga – Fussballverband e.V.: Spielplan 2010/2011 (2010), in: http://static.bundesliga.de/media/native/autosync/spielplan_bl.pdf (Abruf 12.04.2014)

[BUN12]: Die Liga – Fussballverband e.V.: Spielplan 2012/2013 (2012), in: http://static.bundesliga.de/media/native/autosync/spielplan_2012_2013_bl.pdf (Abruf 12.04.2014)
[BUN14]: Die Liga – Fussballverband e.V.: Spielplan 2013/2014 (2013), in: http://static.bundesliga.de/media/native/autosync/spielplan_2013_2014_bl.pdf (Abruf 12.04.2014)

[BUN11]: DFL Deutsche Fussball Liga GmbH: Spielplan 2011/2012, in: http://www.bundesliga.de/de/liga/matches/2011/index.php?md= (Abruf 12.04.2014)

[CHO93]: Chopra, S.; Rao, M.R.: The partition problem (1993), in: Mathematical Programming 59 (1993), S.87-115

[CLA91]: Clark, John; Holton, Derek Allan: A first look at Graph Theory (1991), World Scientific Publishing

[COO71]: Cook, Stephen: The complexity of theorem proving procedures (1971), in: Annual ACM Symposium on Theory of Computing (STOC), S.151-158

[COR01]: Cormen, Thomas; Leiserson, Charles; Rivest, Ronald; Stein, Clifford: Algorithmen – Eine Einführung (2001), Oldenbourg

[COR07]: Cormen, Thomas; Leiserson, Charles; Rivest, Ronald; Stein, Clifford: Algorithmen – Eine Einführung (2007), Oldenbourg

[DAK65]: Dakin, R.J.: A tree search algorithm for mixed integer programming problems (1965), in: The Computer Journal, Vol 8, S.250-255

[DEW80]: de Werra, Dominique: Geography, Games and Graphs (1980), in: Discrete Applied Mathematics 2 (1980), S.327-337

[DEW81]: de Werra, Dominique: Scheduling in Sports (1981), in Hansen, P. : Studies on graphs and integer programming, Band 11, S.381-395, Annals of Discrete Mathematics, North Holland

[DEW88]: De Werra, Dominique: Some models of graphs for scheduling sports competitions (1988), in: Discrete Applied Mathematics, Vol. 21, S.47-65
[DFB11 (1)]:
Deutscher Fußball Bund: Beschreibung des DFBnet Ansetzungsschlüssels 1-L (2001), in: http://portal.dfbnet.org/fileadmin/content/downloads/faq/101121_Beschreibung_des_DFBnet-Ansetzungsschluessels_1-L__3_.pdf (Version 21.11.2011, Abruf 15.02.2014)

[DFB11 (2)]: DFB Medien: DFBnet Schlüsselzahlen – System einer harmonischen Ansetzung für alle Verbände des DFB „harmonischer Schlüssel-Plan 1-L" (2011), in: http://portal.dfbnet.org/fileadmin/content/downloads/faq/211111_SZ_DFBnet_extern_mit_Ge genueberstellung4.pdf (Version 21.11.2011, Abruf 15.02.2014)

[DFB12]: Schubert, Manfred: Verein(t) in die Zukunft (2012), in: http://www.dfb.de/uploads/media/10_Experteninput-Amateurfussball-und-Finanzen.pdf (Abruf 04.02.2014)

[DIE12]: Diekert, Ralf-Tobias: Spielplangestaltung im Sport (2012), in: Seminare „Theoretische Informatik" und „Algorithmen und Komplexität", S.13-19

[DIN01]: Ding, Chris; He, Xiaofeng; Zha, Hongyuan; Gu, Ming; Simon, Horst: A Min-max Cut Algorithm for Graph Partitioning and Data Clustering (2001), in: ICDM `01 Proceedings of the 2001 IEEE International Conference on Data Mining, S.107-114

[DOM07]: Domschke, Wolfgang: Logistik: Transport (2007), Oldenbourg

[DRE07]: Drexl, Andreas; Knust, Sigrid: Sports League Scheduling: Graph – and resource - based models (2007), in: Omega 35/2007, S.465 – 471

[EAS02]: Using Integer Programming and Constraint Programming to solve Sports Scheduling Problems (2002), PhD thesis, Georgia Institute of Technology, USA

[FMA02]: Margot, Francois: Pruning by isomorphism in branch-and-cut (2002), in: Mathematical Programming, Vol 94, no. 1, S.71-90

[FUP13 (1)]: FuPa.net: Die Landesliga-Einteilung 2013/2014 (2013), in: http://www.fupa.net/berichte/die-landesliga-einteilung-201314-69383.html (Version 20.06.2013, Abruf 02.03.2014)

[FUP13 (2)]: FuPa.net: Spielplan Landesliga Nordwest (2013), in: http://www.fupa.net/liga/landesliga-nordwest-5659/spielplan.html (Abruf 15.03.2014)

[FUP14]: FuPa.net: Traurige Gewissheit: Augsfeld zieht zurück (2014), in: http://www.fupa.net/berichte/traurige-gewissheit-augsfeld-zieht-zurueck-121655.html (Version 28.01.2014, Abruf 06.03.2014)

[GAR79]: Garey, Michael; Johnson, David: Computers and Intractibility: a guide to the theory of NP-completness (1979), W.H. Freeman and Company

[GEO14]: GeoGebra, in: http://www.geogebra.org/cms/de/ (Abruf 10.02.2014)

[GEI02]: Geiger, Carl; Kanzow, Christian: Theorie und Numerik restringierter Optimierungsaufgaben (2002), Springer

[GNU13]: Andrew Makhorin: Modeling Language GNU MathProg – Language Reference for GLPK Version 4.50 (2013)

[GNU14]: http://www.gnu.org/software/glpk/ (Version 23.06.2012, Aufruf 03.02.2013)

[GOM60]: Gomory, Ralph.: An algorithm for the mixed integer problem (1960), Technical Report RM-2597, Rand Cooperation

[GOM63]: Gomory, Ralph: An algorithm for integer solutions to linear programs (1963), in: Recent advances in mathematical programming, S.269-302

[GRÖ88]: Grötschel, Martin; Wakabayashi, Yoshiko (1988): Facets of the Clique Partitioning Polytop (1988), in: North Holland: Mathematical Programming 47 (1990), S. 367-387
[GRÖ89]: Grötschel, Martin; Wakabayashi, Yoshiko (1989): A cutting plane algorithm for a clustering problem, in: Mathematical Programming 45 (1989), S.59-96

[GRÖ97]: Grötschel, Martin: Kombinatorische Optimierung (1997), Manuskript in: https://www.zib.de/groetschel/teaching/script.ps (Version Dezember 1997, Aufruf 05.05.2014)

[GUR10]: Gurski, Frank; Rothe, Irene; Rothe, Jörg; Wanke, Egon: Exakte Algorithmen für schwere Graphenprobleme (2010), Springer

[GUR14 (1)]: GUROBI OPTIMIZATION: Der GUROBI OPTIMIZER 5.6 (2014), in: http://www.gurobi.com/de/produkte/gurobi-optimizer/merkmale-und-vorteile (Abruf 06.02.2014)

[GUR14 (2)]: GUROBI OPTIMIZATION: http://www.gurobi.com (Abruf 06.02.2014)

[JOH83]: Johnson, E.L.; Padberg, M.; Crowder, H.P.: Solving large-scale zero-one linear programming problems (1983), in Operation Research 31, S.803-834

[KAR09]: Karpfinger, Christian; Kiechle, Hubert: Kryptologie: Algebraische Methoden und Algorithmen (2009), Vieweg + Teubner

[KNU09]: Knust, S.; Lücking, D.: Minimizing cost in round robin tournaments with place constraints (2009), in: Computers & Operations Research Band 36, S.2937-2943

[KNU10]: Knust, Sigrid; Briskorn, Dirk: Constructing fair sports league schedules with regard to strength groups (2010), in: Discrete Applied Mathematics, Vol 158, No.2, S. 123-135

[KRU09]: Krumke, Sven Oliver; Noltemeier, Hartmut: Graphentheoretische Konzepte und Algorithmen (2009), Vieweg + Teubner

[LAU04]: Lau, Dietlinde: Algebra und Diskrete Mathematik 2 (2004), Springer

[MAR13]: Martin, Alexander; Krumke, Sven: Diskrete Optimierung (2013), Springer

[MEI98]: Meinel, Christoph; Theobald, Thorsten: Algorithmen und Datenstrukturen im VLSI-Design (1998), Springer

[MIT02]: Mitchell, John. Reallgnment in the NFL (2002), in: http://www.optimization-online.org/DB_FILE/2001/02/289.pdf (Version 22.7.2002, Abruf 17.03.2014)

[MIT03]: Mitchell, John: Realignment in the National Football League – Did They Do IT Right (2003), in: Naval Research Logistics, 50(7), S.683-701

[MIT05(1)]: Ji, Xiaoyun; Mitchell, John: Finding optimal realignments in sports leagues using branch-and-cut-and-price approach (2005), in: International Journal of the Operational Research 2005, Vol.1, No.1/2, S.101-122

[MIT05(2)]: Ji, Xiaoyun; Mitchell, John: The Clique Partitioning Problem with Minimum Clique Size Requirement (2005),
in: http://homepages.rpi.edu/~mitchj/papers/cppmin.pdf (Version 05.05.2005, Abruf 15.04.2014)

[MIT07]: Ji, Xiaoyun; Mitchell, John: Branch-and-price-and-cut on the clique partitioning problem with minimum clique requirement (2007), in: Science Direct, Discrete Optimization 4 (2007), S.87-102

[MIY03]: Miyashiro, R. ; Iwasaki, H. ; Matsui, T. : Characterising Feasible Pattern Sets with a Minimum Number of Breaks (2003), in: Burke, E. ; de Causmaecker, P.: Proceedings of the 4th International Conference on the Practice and Theory of Automated Timetabling, Lecture Notes in Computer Science 2740, S. 78-99, Springer

[NEM98]: Nemhauser, George ; Trick, Michael: Scheduling a Major College Basketball Conference (1998), in: Operations Research 46, S.1-8

[NFL14 (1)]: NFL Enterprises LLC: History (2014), in: http://www.nfl.com/history (Abruf 04.04.2014)
[NFL14 (2)]: NFL Enterprises LLC: Standings (2014), in: http://www.nfl.com/standings (Abruf 04.04.2014)

[OOS01]: Oosten, Maarten; Rutten, Jeroen; Spieksma, Frits: The Clique Partitioning Problem: Facets and Patching Facets (2001), in: NETWORKS, Vol 38(4), S. 209-226

[POS06]: Post, G.; Woeginger, G.J.: Sports tournaments, home-away assignments, and the break minimization problem (2006), in: Discrete Optimization, 3 (2), S. 165-173

[REG98]: Regin, Jean-Charles: Minimization of the number of breaks in sports scheduling problems using constraint programming (1998), in: Freuder, Eugene; Wallace, Richard John: Constraint Programming and Large Scale Discrete Optimization , S. 115-131

[RIB06]: Ribeiro, Celso; Urrutia, Sebastian: Scheduling the Brazilian Soccer Tournament with Fairness and Broadcast Objectives (2006), in: Burke, Edmund; Rudova, Hana: Practice and Theory of Automated Timetabling VI, S.147-157

[ROS82]: Rosa, A; Wallis, WD: Premature sets of 1-factors or how not to schedule round robin tournaments (1982), in: Discrete Applied Mathematics 4, S.291-297

[RST14]: R Studio, in: http://www.rstudio.com (Abruf 05.05.2014)

[SCH98]: Schrijver, Alexander: Theory of linear and integer Programming (1998), John Wiley and Sons

[SOT12]: Sotirov, R.: An efficient semidefinite programming relaxation for the graph partition problem (2012), in: INFORMS Journal on Computing 2013, Vol 26, no.1, S.16-30

[SOU93]: Carvalho de Souza, Cid: The Graph Equipartition Problem: Optimal Solutions, Extensions and Applications (1993), PhD Thesis, Universite Catholique de Louvain, Belgien

[TAB1]: FuPa.net: Landesliga Nordost (2014), in: http://www.fupa.net/liga/landesliga-nordost-5658.html (Abruf 02.05.2014)

[TAB2]: FuPa.net: Landesliga Mitte (2014), in: http://www.fupa.net/liga/landesliga-mitte2-5655.html (Abruf 02.05.2014)

[TAB3]: FuPa.net: Landesliga Nordwest (2014),
in: http://www.fupa.net/liga/landesliga-nordwest-5659.html (Abruf 02.05.2014)

[TAB4]: FuPa.net: Landesliga Südwest (2014), in: http://www.fupa.net/liga/landesliga-suedwest-5660.html (Abruf 02.05.2014)

[TRI07]: Trick, Michael; Rasmussen, Ramus: Round Robin Scheduling – A Survey, Carnegie Mellon University Research Showcase, in: European Journal of Operational Research, Vol 188, no. 3, S.617-636

[TRI08]: Trick, Michael: A Schedule-Then-Break Approach to Sports Timetabling (2001), In: Burke, E. & Erben, W. : Proceedings of the 3rd International Conference on the Practice and Theory of Automated Timetabling, Lecture Notes in computer Science 2079, S.242-253

[TUR85]: Turau, Volker; Vogel, Friedrich: Algorithmische Graphentheorie – Band 2 (1985), Oldenbourg

[WAK86]: Wakabayashi, Yoshiko: Aggregation of binary relations: algorithmic and polyhedral investigations (1986), PhD Thesis, Universität Augsburg

[WAN06]: Wanka, Rolf: Approximationsalgorithmen (2006), Teubner

[WEG05]: Wegener, Ingo: Theoretische Informatik (2005), Teubner

[WEL13]: Die Welt: Wie die DFL die zusätzlichen TV-Millionen verteilt (2013), in: http://www.welt.de/sport/fussball/bundesliga/article116043913/Wie-die-DFL-die-zusaetzlichen-TV-Millionen-verteilt.html (Version 09.05.13, Abruf 28.03.2014)
[WUL07]: Wülfing, Werner: Optimierung von Spielplänen am Beispiel der Fußball-Bundesliga-Saison 2006/07 (2007), in: Zeitschrift für Planung & Unternehmenssteuerung 18, S.207-221